지구환경의 변천

빅뱅에서 인류까지의 지구 이야기

전파과학사는 독자 여러분의 책에 관한 아이디어와 원고 투고를 기다리고 있습니다. 디아스포라는 전파과학사의 임프린트로 종교(기독교), 경제·경영서, 일반 문학 등 다양한 장르의 국내 저자와 해외 번역서를 준비하고 있습니다. 출간을 고민하고 계신 분들은 이메일 chonpa2@hanmail.net로 간단한 개요와 취지, 연락처 등을 적어 보내주세요.

지구환경의 변천
빅뱅에서 인류까지의 지구 이야기

—
초판 1쇄 1996년 06월 05일
개정 1쇄 2023년 07월 18일

—
지은이 월러스 S. 브로커
옮긴이 원종관
발행인 손영일
디자인 강민영

—
펴낸곳 전파과학사
출판등록 1956. 7. 23 제 10-89호
주   소 서울시 서대문구 증가로18, 204호
전   화 02-333-8877(8855)
팩   스 02-334-8092
이메일 chonpa2@hanmail.net
홈페이지 www.s-wave.co.kr
공식 블로그 http://blog.naver.com/siencia

ISBN 978-89-7044-616-5(03450)

지구환경의 변천

빅뱅에서 인류까지의 지구 이야기

월러스 S. 브로커 지음 | 원종관 옮김

전파과학사

How to Build a Habitable Planet

by

Wallace S. Broecker

Lamont-Doherty Geological Observatory

of Columbia University

머리말

이 책은 컬럼비아대학과 하버드대학 학생들에게 했던 강의를 바탕으로 해서 엮은 것이다. 그 방침은 지구의 발전을 대폭발(빅뱅, Bing Bang)의 근원 으로부터 인간의 손이 미치는 미래까지 더듬어 가는 것이다. 발전에는 몇 단계가 있다. 각각의 단계를 증명하는 어떤 관측이 행해지고, 그것들을 조 합시켜 어떤 발전의 흔적을 보여 왔는가 설명해 나간다. 누구라도 수긍할 수 있는 한줄기 과거나 미래를 예측할 수 있는 예도 있다. 하지만 여러 가지 길을 생각하고, 어느 것인가는 정하기 어려운 경우도 드물지 않다는 것을 알 수 있을 것이다.

필자의 목적은 이 방법을 통해 과학의 흐름이 결코 정적인 것이 아님을 나타내는 데 있다. 정적인 것이 아니라 과학의 연구는 변화해 가는 연쇄이 며, 모든 관측이나 가설은 마침내 논쟁의 심판대에 오르게 된다. 새로운 지 식이 끊임없이 더해져 가는 것이다.

이 책의 출판은 보통 경로를 거쳐서는 이루어지지 않았다. 인습을 깨려 고 하는 취미 이상으로 여기에는 중요한 경제상의 이유가 있다. 이 책은 한 권 팔릴 적마다 2.5달러가 타이핑이나 제작비로서 지질학 교실에 환원되는 것이다. 여러 출판사와 일 년에 걸쳐 교섭한 끝에 비용을 환수하는 데는 이

방법밖에 없음을 알았다. 컴퓨터 레이아웃과 레이저 프린터 덕택에 이제는 통상 출판되는 고도의 인쇄물로 착각할 정도의 책도 만들 수 있다.

비키 코스테로는 초고에서부터 많은 양의 인쇄원고를 참을성 있게 다시 타이프해 주었고, 패티 커탠자로는 많은 그림을 몇 번이나 다시 그려 주었다. 십여 분의 과학자가 원고를 검토해 보고 유익한 조언을 해 주었다. 이분들께 감사 말씀드린다. 1981년부터 1985년에 걸쳐 필자가 지질학 강의를 하는 데 모르모트 대신에 필자에게 영감이 떠오르게 해 준 학생 여러분에게도 감사하고 싶다.

감사한 마음으로 고(故) 폴 가스트에게 이 책을 바친다. 폴은 미량원소 분석의 방법을 우주지구화학에 도입한 선구자이다. 그는 휘튼의 대학 생활에서 존경하는 선배로 만난 이래 1976년에 세상을 떠날 때까지 나의 친구이며 선도자였다. 내가 처음 걸으려고 했던 통계수리사(統計數理士)의 길에서 지구화학으로 바꾼 것은 폴의 덕분이다.

차례

1장

무대 배경

대폭발과 은하의 탄생

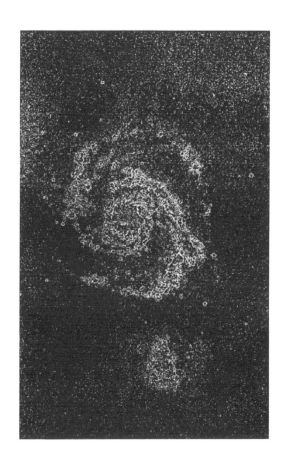

장의 첫머리

지구상에 인간들이 존재하는 것은 무엇 때문일까. 외계인은 찾아낼 수 있을까. 어려운 문제이다. 오래전부터 논의되어 왔으나 오늘의 생각이 먼 옛날의 선인(先人)들의 이야기에 비하면 얼마만 한 설득력을 지니고 있는 가. 무엇인가 이해할 것 같으면 더 큰 수수께끼가 나타난다. 인간은 하느님이 창조했다고 종교에서는 가르쳐주고, 과학에서는 우연히 만들어졌다고도 하지만 신학자나 과학자도 그것으로 마음 놓고 있을 수는 없는 일이다. 진상(眞相)은 더욱더 깊이 겉돌기만 할 뿐이다. 신(神)은 우리들만 선택해 주었는가. 행복이 찾아든 별은 따로 없을까. 언젠가 신의 계시가 나타났는지도 모르고, 우연히 곧바로 되었는지도 모른다. 그 진상이 밝혀질 때까지 사람들은 계속해서 생각하고 탐색해 나갈 것이다.

인류보다 더 뛰어난 인식(認識), 판단(判斷), 적응(適應)의 능력을 가진 생명이 우주 어디엔가 살고 있을 것인가. 아직 어느 누구도 알고 있지는 못하지만, 그 의문을 해결해 나가려는 넓은 길이 과학에는 있다. 크게 두 길이 열려 있다. 하나는 지구과학에서 생명이 적용하는 환경이 어떻게 찾아드는가를 탐색하는 길이고, 다른 하나는 생물학 분야에서 그와 같은 환경 하에서 일어나는 생명의 진화를 탐구하는 길이다. 목표는 아직 멀었으나 중요한 발견도 이루어졌다. 이 책의 목적은 첫 번째 길에 따르는 연구의 발자취를 더듬어 정리해 나가는 일이다.

1,000,0000	1×10^8
1,0000	1×10^4
1	1×10^0
0.0001	1×10^{-4}
0.00000001	1×10^{-8}

표 1-1 | 대수(大數), 소수(小數)의 기법

지적 생명의 발생에 적당한 환경을 논하기에 앞서, 우주에 행성이나 위성이 얼마나 있는가를 알아보려고 한다. 실은 그것도 답하기 까다로운 것이다. 태양 가까이에 있는 항성(恒星)일지라도 행성이 발견되지 않는다. 빛을 내지 않기 때문에 직접 볼 수 없고, 지나치게 작기 때문에 주성(主星)의 빛을 가리거나, 운동에 영향을 미치는 일도 없다. 그렇지만 마침내 쏘아 올린 천체 망원경(space telescope)이 지구를 도는 궤도에 이르면, 최신의 검출기에 의해 행성들이 처음으로 발견될 가능성은 있다.

지금으로서는 행성이라고 하면 태양을 도는 것으로 한정되어 있다. 지름 100km 이하의 작은 천체(나중에 설명하겠으나 지적 생명은 싹도 트지 않는다)는 논외로 하여, 행성은 9개, 위성은 40개나 있다. 태양 탄생에 따른 부산물로 보이는 여러 가지 특징을 갖추고 있다. 이로써 적어도 태양 규모의 항성이면 예외 없이 행성을 거느리고 있다고 믿게 되었다. 우주에는 항성의 수에 알맞게 또는 보다 많은 행성이 존재할 것이다. 뭐니 뭐니 해도 총 수는 10^{20}개, 1조 개 그 위에 1억 배이다. 두말할 것 없이 그렇게 많기 때문에, 생명의 존속에 적응하는 조건을 갖춘 행성이 많다고 해도 이상할 것 없다.

그런데 만일, 우리들의 지구는 극단적인 예외로서, 같은 상황이 발생하는 기회가 10^{21}회에 단 1회밖에 없는 경우를 상상해 보자. 그땐 전 우주에 지구가 하나 더 존재할 가능성은 열에 하나가 된다. 행성의 존재 확률의 정확한 값을 확실한 근거에 바탕을 두었다고는 아직 볼 수 없으나 아마도 다음 장의 이야기에서 얻어지는 느낌은, 지구의 모든 조건은 예외적이라고 하지 않으면 안 될 만큼 특수한 것은 아니라고 할 수 있을 것이다. 지구만큼의 것이라고 한다면, 필요조건을 갖춘 행성은 많을 것이다.

지구와 똑같은 상태가 우주의 어떤 곳에서 일어날 수 있음을 논하기 위해 우주 창성(創成)의 초기부터 더듬어 봐야 할 것이다. 실로 우주에서 최초로 일어난 사건마저 지구상에 그 흔적을 남기고 있기 때문이다.

빅뱅–팽창우주설의 탄생

천문학에서 설명하는 바에 의하면, 우리가 알고 있는 우주는 150억 년 전, 빅뱅(Big Bang)이라고 불리는 폭발에 의해 시작되었다. 대폭발의 여세만으로도 우주의 모든 물질은 지금도 넓어지고 있다. 빅뱅의 본질을 파헤치는 것을 최우선의 과제라고 하는 것이 오늘의 우주론이다. 폭발에 앞서 무엇이 있었는가는 이제 와서는 철학자의 생각에 맡길 수밖에 없다. 기록은 모두 사라져 버렸기 때문이다.

우주의 연령이나 생성의 과정까지 알고 있는 것은 대단한 일이다. 기발한 생각들이 쌓이면 짜여진 증거라고 할 수 있는가. 천문학은 대부분의 과학자들을 대폭발 지지 쪽에 끌어모으는 관측자료들을 이미 손에 넣고 있다. 확실성의 정도를 0(실없는 소리)에서 10(증명이 끝남)의 눈금으로 나타낸다고 하면 대폭발설은 9이다.

이 이야기는 천천히 하기로 하고 팽창우주설(膨脹宇宙說)이 선을 보이기 전에 천문학이 직면했던 심각한 역설에 대하여 논하기로 하자.

첫째 역설은 밤하늘이 어두운 이유를 누구도 설명하지 못했다고 하는 이야기이다. 별과 별 사이의 하늘이 캄캄하게 뚫려 있는 것은 무엇 때문일까. 우주 깊숙이에 한계가 있기 때문에, 그리고 수없이 먼 곳에 있는 별에서 나오는 빛을 우주 공간에 산재해 있는 흡수물질이 가로막고 있기 때문이라고 하는 주장이다. 역으로 우주가 무한히 이어져 텅 빈 공간에 발광하는 천체(天體)만이 점점이 분포하고 있다면 어떻게 될 것인가. 어느 방향으로 눈을 돌려도 어떤 거리에는 반드시 별이 있어, 빛은 눈에까지 다다른다. 어디를 보나 눈부시고 찬란하다. 그렇기 때문에 우주는 유한한 것이다. 그리고 끝까지 시선을 돌려보아도 별에 맞닥뜨리지 않은 어두운 텅 빈 밤하늘이 보일 뿐이다. 그리고 별들 사이의 공간에 빛을 내지 않는 물질의 구름이 있어 멀리 있는 별의 빛을 감추고 있다고 해도 좋을 것이다.

그러나 유감스럽게도 유한한 우주에서는 별과 별이 떨어져 있는 상태가 언제까지나 계속되지는 않는다. 별은 서로의 인력 때문에 우주의 '중심'으로 일방적으로 끌어당겨진다. 예를 들면 거대한 정글짐(jungle gym) 격자에 많은 구슬을 달고, 구슬끼리 잡아 늘인 고무줄로 서로 매어 놓았다고 하자. 안쪽의 구슬은 사방팔방으로 거의 같은 힘으로 끌어당겨지는 데 반해 주위의 구슬은 안쪽으로만 끌어당겨진다. 주문을 외워 구슬과 고무줄은 남겨 두고 정글짐만을 싹 빼냈다고 하면, 안쪽으로 향하는 고무의 힘만이 남기 때문에 어느 구슬이나 중심으로 날아갈 것이다. 그렇게 되지 않는 것은 격자가 무한히 큰 경우일 뿐이다. 그런데 별들을 지탱하고 있는 격자가 없는데도 우주는 존재한다. 하늘은 어둡다고 할 수 없는 것은 우주는 유한하기 때문이다.

또 다른 설명인, 먼 별에서의 빛이 지구에 이르기까지 먼지나 가스층에 의해 차단된다고 하는 생각도 역시 옳지 않다. 이 경우는 도중에 있는 별에서 오는 빛도 구름에 닿는다. 그렇다면 멀리 보이는 도시 상공의 밤하늘이나 안개 저편에서 오는 자동차 헤드라이트를 생각하면 알 수 있듯이 산란한 빛이 별 사이의 하늘을 밝게 할 것이다. 그러나 그런 일은 없다. 때문에 이 해석도 잘못된 것이다.

처음 역설을 말한 것은 하인리히 올버스(Heinrich Olvers)이며, 1826년의 일이었다. 해결되기까지는 100년 이상이 걸렸다. 1927년 조르주 르메트르(Georges Lemaitre)는 우주의 시초는 '알' 우주의 폭발이었다는 새로운 학설을 제창했다. 이런 훌륭한 생각으로 이전부터의 역설은 거의 설명이 된다. 폭발력이 인력에 대항하기 때문에 우주물질은 중심으로 모여들지 않는다. 정글짐의 구슬이 폭발로 날아가고 고무줄의 힘을 뿌리쳐 버리는 것이다. 뒷받침할 만한 관측이 없었기 때문에 르메트르의 가설을 받아들였던 사람은 적었다. 그런데 불과 2년이 지나지 않아 에드윈 허블(Edwin Hubble)이 과학자들의 눈을 팽창우주설로 돌리게 하는 관측결과를 발표했다. 허블에 따르면 아주 멀리 있는 은하의 별들에서 오는 빛은 스펙트럼이 붉은 쪽으로 벗어나 있다. 벗어나 있는 것을 가장 간단히 설명할 수 있는 것은 은하가 우리들로부터 아주 빠른 속도로 사라져 버리고 있다는 사실이다.

적방편이-왜 팽창하고 있다고 말할 수 있는가?

태양광선은 여러 가지 진동수를 가진 빛의 집합체이다. 광선이 빗방울을 만나면, 들어갈 때와 나올 때 굴절해서 방향이 바뀐다. 진동수에 따라 굴절되는 각도가 다르기 때문에 한 줄기였던 빛은 여러 가지 빛깔로 나

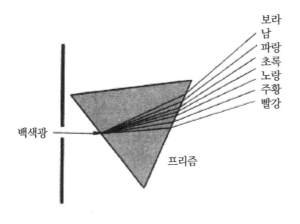

보라
남
파랑
초록
노랑
주황
빨강

백색광

프리즘

그림 1-1 | 무지개의 일곱 가지 색

뉘어 스펙트럼을 만들고, 일곱 가지 색의 무지개가 생긴다. 진동수에 따라 눈의 망막에 미치는 움직임이 다른 것이 색으로서 느껴지는 것이다.

100년 전부터 물리학에서는 태양빛을 유리 프리즘에 대고 무지개와 같은 일곱 가지 색을 만들었다. 〈그림 1-1〉에 나타나 있듯이 빨간빛(눈에 느껴지는 빛 중 진동수가 최소)의 굴절이 가장 작고, 보랏빛(같은 빛 중 진동수가 최대)이 가장 크다.

천문학에서는 프리즘을(요즘은 회절격자를 사용하지만) 망원경에 조립해서 먼 은하에서 오는 빛을 조사하는 데 사용해 왔다. 천체의 경우는 어느 것이나 완전한 일곱 색의 스펙트럼과는 다르며, 검게 보이는 암선(暗線)이 많이 포함되어 있어 빨강·주황·노랑·초록·파랑·남·보라의 부드러운 변화가 일어나지 않는다. 중요한 것은 암선에 상당하는 진동수의 빛은 별에서 나왔을 때 별을 둘러싸는 가스에 흡수된다는 점이다. 그냥 지나가 버리는 빛도 많은 한편, 어떤 진동수에 대해서는 가스는 다소 불투명하기 때문이다. 자세히 살펴보면 암선은 수천 가지나 있다. 암선은 정말 검다고 하기보다 여러 가지로 빛이 약해져 있는 것이라고 할 수 있다. 빛은 별에서 나오면 곧바로 별의 '대기'(大氣)의 흡수를 받는다. 즉, 빛의 '일부분'은 멈춰 있고 나머지만이 빠져나와 지구까지 이르는 것이다.

원래 암선이 주목받은 것은 별의 대기, 즉 별 자신의 화학조성을 찾는 데 도움이 되기 때문이다. 조금이라도 흡수된 선 하나하나에 대해 각각 단 한 종류의 원소가 정해진다. 원자와 작용하는 빛은 정해진 크기의 에너지를 가지는 것으로 한정된다. 그 크기라고 하는 것은 원자 내부의 전자를 어떤 에너지의 레벨에서 다른 허용된 레벨로 끌어올리기 위해 꼭 필요한 에너지이다. 천문학자들은 아크등(燈) 빛을 기준으로 사용해 가까운 별의 대기 중에서 원소의 존재량이 어떤 비율로 되어 있는가를 알아냈다.

크고 성능이 좋은 망원경이 만들어질 때마다 분석의 손길은 먼 천체에 뻗친다. 예기치 않은 대발견을 하게 된 것은 그 때문이다. 매우 먼 천체를 조사해 보면 암선의 위치가 전체적으로 일곱 가지 색광에서 대해 벗어나고 있다. 예를 들면 태양의 스펙트럼으로 파란색 영역에 있던 선이 은하에서는 초록색 영역으로 옮겨 가고, 노란색 영역에 있던 선은 주황색 영역으로 옮겨 간다고 한다. 많이 있는 암선의 간격과 짙음의 비율은 변하고 있지 않기 때문에 말하자면 암선의 무리만이 그대로 무지개 띠에서 들어 올려져 빨간색 쪽으로 옮겨 가고 한 번 더 무지개 띠로 떨어졌다고 생각하면 된다. 더욱이 예기치 못했던 일로 먼 은하일수록 빨간색 쪽으로 옮기는 양이 커진 것이다.

이야기를 이해하기 위해 좀 복잡한 내용에 눈을 돌려 보자. 이름해서 기적효과(汽笛效果, 물리학에서는 도플러 편이라고 부른다)라고 한다. SL팬이라면 누구나 알고 있듯이, 급행의 기관사는 통과역에서 기적소리를 울리며 가는 것이 보통이다. 플랫폼에 서 있으면 열차가 지나갈 때 재미있는 사실을 알 수 있다. 즉 기적소리가 거기에서 갑자기 낮아진다. 그 이유는 먼 은하의 스펙트럼선이 편이하는 원인과 똑같다. 기적소리 쪽이 조금은 이해하기 쉽다. 우선 그것부터 살펴보자.

소리는 시속 1200㎞로 대기 중에서 전달된다. 열차의 통과 속도가 시속 120㎞였다고 하면, 귀에 들리는 소리의 진동수는 열차의 접근 중에는 10% 높고 통과 후에 10% 낮아진다. 만약 기적 대신에 매초 한 번 정도 웽웽 울리는 순찰차가 사용하는 경음기를 열차에 부착하면, 현상은 훨씬 확실하게 알 수 있다. 열차가 멈추어 있을 때 소리를 세면, 물론 1분에 60회이다. 시속 120㎞로 가까워져 있을 때는 매분 66회, 같은 속도로 멀어져 갈 때는 54회가 될 것이다. 귀는 고막에 닿는 음파의 진동수를 구별한다. 음원(音源)이 가까이에 있으면 고막은 높아진 진동수를 검출해서 높은 상태로 뇌에 전달한다.

빛을 내는 근원이 쇠퇴하면 빛의 속도가 낮은 쪽으로 옮겨진다. 그런데 빛의 속도는 시속 10억 8천만 ㎞나 되어서 굉장히 빠르기 때문에 급행열차 정도의 광원(光源)으로는 눈에 미치는 빛의 진동수는 바뀌지 않는다.

먼 은하에서 온 빛의 빨강 쪽으로의 편이가 진동수로 고쳐 10% 낮추었을 때 은하는 시속 1억 8백만 ㎞라는 엄청난 속도로 우리들로부터 떨어져 가고 있는 셈이다.

적방편이와 거리의 관계

반복해서 말하는 것이지만 멀리 있는 성운일수록 빛은 빨강 쪽으로 크게 편이하고 있다. 〈그림 1-2〉에 실례를 들었다.

그림 중에서 최대의 편이를 일으킨 성운이 가장 멀리 있다고 하면 알 수 있을까? 추리의 방법은 우리가 캄캄한 고속도로에서 상대방 차의 거리를 분간할 때 사용하는 것과 같은 방법이다. 헤드라이트는 어느 차나 밝기가 비슷하며 좌우의 간격도 거의 정해져 있기 때문에 운전자는 라이트의 눈부심과 2개의 라이트 간격에서 순식간에 다가오는 차의 거리를 판단한다. 천문학자도 같은 것을 생각한다. 어떤 성운일지라도 크기나 밝기도 비슷하기 때문이다. 그래서 망원경으로 들여다보면 작고 어두운 성운일수록 멀리 있는 것이다.

우리는 많은 차를 가까이에서 봐서 알 수 있듯이 손쉽게 알 수 있다. 천문학에서 거리 판정은 대단히 힘이 드는 방법으로 검증이 이루어진다.

성운의 크기 등을 정하는 방법을 설명하는 것은 뒤로 미루고 우선, 거리 적방편이 관계의 뜻을 찾아보기로 하자.

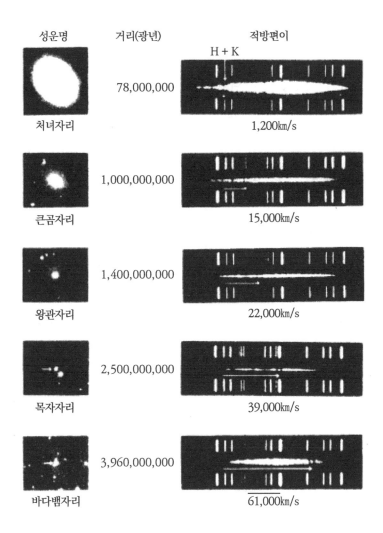

성운명	거리(광년)	적방편이

처녀자리 — 78,000,000 — H + K — 1,200km/s

큰곰자리 — 1,000,000,000 — 15,000km/s

왕관자리 — 1,400,000,000 — 22,000km/s

목자자리 — 2,500,000,000 — 39,000km/s

바다뱀자리 — 3,960,000,000 — 61,000km/s

그림 1-2 | 성운의 스펙트럼과 적방편이

왼쪽은 팔로마산 천문대의 망원경으로 찍은 5개의 성운. 성운의 크기는 서로 비슷하다고 생각하면 바다뱀자리 성운단은 처녀자리 성운단에 비해 훨씬 멀리 있다. 오른쪽은 성운 스펙트럼, 화살표는 암선의 쌍(칼슘 H, K선)의 위치가 태양과 실험실에서 보이는 위치에서 어느 만큼 편이하고 있는가를 나타낸다. 화살의 길이는 후퇴속도를 나타낸 것이다

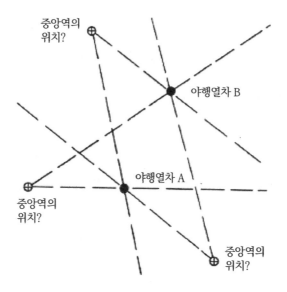

그림 1-3 | 중앙역은 어디에 있는가?

중앙역을 동시에 발차한 야간열차 A에서 B를 보고 있다. B의 차창의 밝기에서 거리를 알 수 있다. 기적의 높낮이로부터 떨어져 가는 속도를 알 수 있다. 그러나 이것뿐이고 그 밖의 정보 (예를 들면 기차가 나아가는 방향과 그 속도)가 없으면 중앙역의 위치를 정할 수 없다

　다시 반복하면 우리들의 은하계로부터 멀리 보이는 성운일수록 떨어져 가는 속도가 크다. 약간 이해하기 어려울지도 모르지만, 이것은 폭발의 결과 산산이 부서져 나가는 조각 사이에 보이는 관계라고 할 수 있다. 2개의 조각의 거리가 멀어질수록 서로 떨어지는 속도가 크기 때문이라는 것은 틀림없는 일이다.

　폭발 무렵 모든 조각은 한군데에 있었기 때문에, 멀리 떨어진 것일수록 보다 빠른 속도로 운동했을 것이다. 그렇다고 하면 시간의 흐름을 반대

로 해서 여러 가지 성운을 관측된 후퇴 속도와 같은 속도로 반대 방향으로 달리게 했다면 모든 성운은 어떤 시각에 한점에 모이게 된다.

필요한 시간은 성운의 거리(은하계로부터의)와 후퇴속도(같게)로부터 계산할 수 있다. 계산방법은 산수로 풀 수 있다.

예를 들면 고속도로를 달리는 차 A, 차 B가 시속 100km로 떨어져 갈 때 A에서 B까지의 거리가 200km라면 A와 B가 어떤 지점인가에서 만난 것은 2시간 전이다.

성운우주의 경우는 많은 차가 한 점에서 동시에 달린 것이다. 각각 다른 속도로 달린다. 한 개의 고속도로가 아니고 3차원으로 펼쳐진 각각 자신의 고속도로를 달리고 있다.

우주의 중심은 어딜까? 〈그림 1-3〉의 열차의 예를 보면 알 수 있듯이 적방편이로부터 중심점은 정해지지 않는다. 밤에 선로를 달리고 있는 A열차를 탄 관측자는 다른 노선을 달리고 있는 B열차의 헤드램프가 보인다. 기적도 들린다. 관측자는 B열차가 자신의 열차와 동시에 각각의 중앙역을 뒤로 한 것을 알고 있다. 램프의 밝기로부터 B열차의 거리를 알 수 있다. 기적 소리의 높낮이로부터 B열차가 떨어져 가는 것이나 정확한 후퇴속도까지 알 수 있다. 그러나 이러한 사실만으로 중앙역의 위치를 정하는 것은 관측자에게는 불가능하다. 이것과 같은 방법으로 천문학자는 우주의 중심을 정할 수 없다.

그것은 언제였는가?

대폭발이 일어난 일시를 찾으려면 후퇴해 가는 성운의 적방편이와 함께 거리까지 알아야 한다. 거리를 어림잡는 방법은 복잡하며, 원리를 여기서 전부 말하는 것은 어렵다. 이하 여러 장에서 그 원리를 말하기로 하겠다.

우주를 재는 방법도 보통의 측량과 같으며 기선(基線)을 긋는 것에서 시작된다(그림 1-4). 측량사가 직접 다가가지 못하는 곳(호수의 수면에서 돌출한 외딴 바위로 하자)까지의 거리를 정하는 경우, 우선 호반의 땅 위에 기선을

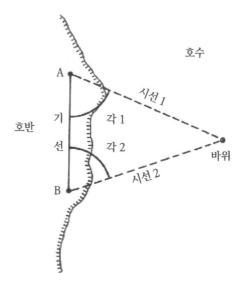

그림 1-4 | 삼각측량

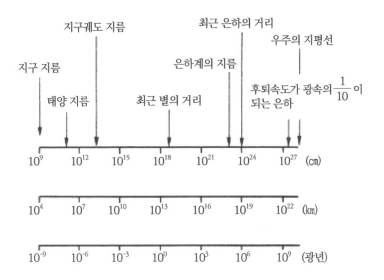

그림 1-5 | 거리의 척도

천문학에 나타나는 거리의 범위는 19자릿수나 된다. 거리의 측정은 천문학의 중요한 사항이다. 1광년은 빛이 1년에 걸쳐 나아가는 거리

정하고, 줄자를 사용해 길이를 잰다. 다음에 양 끝에서 차례로 바위를 바라보며, 시선과 기선의 각도를 잰다. 다음은 간단한 삼각법(三角法)을 이용해 바위까지의 거리를 계산할 수 있다.

〈그림 1-5〉를 보면 알 수 있지만, 천문학적 거리란 터무니없이 크지 않은가! 당연한 일이지만 기선에는 태양을 둘러싼 지구의 궤도를 이용하고 있다. 지구궤도의 지름의 양 끝에서 바라봄으로써 우주에 산재하는 '바위' 까지의 거리가 삼각측량의 방식으로 결정된다.

긴 기선을 이용해도 별이 너무 멀기 때문에 측량한다는 것은 곤란한 일이다. 기선의 길이는 3×10^{13} cm인데, 가장 가까이 있는 항성이라도 4×10^{18} cm나 된다. 해안에서 10km(10^6 cm)에 있는 섬의 거리를 겨우 10cm의 기선을 근거로 해서 측정하는 것과 같은 비율이다.

시차측정(視差測定)이라는 대단히 정밀한 기술의 힘을 빌리면, 태양에 가장 가까운 2,000~3,000개의 별의 거리만은 지구의 궤도를 기선으로 해서 정할 수 있다.

측정의 방법이 그것밖에 없다고 하면 거리를 아는 범위는 은하계의 극히 좁은 일부분에 한정될 것이다.

태양은 은하계 내에서 상당히 빠른 속도로 움직이고 있다는 사실을 알게 되었고 측량기선은 훨씬 길게 긋게 되었다. 삼각 측량에 의하면, 태양은 1년에 6×10^{13} cm의 비율로 은하계 내에서 움직인다. 따라서 지구궤도를 이용하는 것보다 훨씬 긴 일종의 끊임없이 뻗어가는 기선을 얻을 수 있다. 측량사가 골프차를 타고 호반을 움직이면서 일정 시간마다 멀리 있는 바위를 관측하는 것과 같다. 차의 속도와 통과 시간으로부터 뻗어가는 기선의 길이는 알 수 있다. 천문학에서는 이것과 같지만, 조금 더 복잡한 방법(통계 시 차라 부른다)을 이용해 은하계의 거리 3×10^{20} cm 부근까지 별의 거리를 구한다.

성운우주는 어떤가 하면 근처의 성운까지의 거리를 정하는 데도 시차에 의한 방법은 도움이 되지 않지만 천문학 나름대로의 멋진 측정방법이 있다.

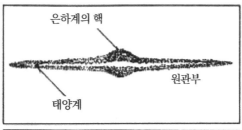

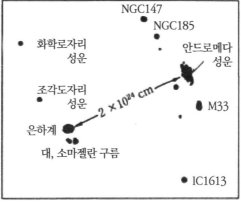

그림 1-6 | 은하계와 그 가까이에 있는 성운의 분포

위는 은하계를 밖에서 본 단면의 모양. 아래는 은하계 가까이에 있는 성운의 분포. 문자와 숫
자는 은하의 기호

은하계 내에는 규칙적으로 밝기를 바꾸는 별이 발견되고 있다. 일정한
밝기의 헤드라이트가 아니고 켜졌다 꺼지는 등대라고도 말할 수 있을 것
이다. 깜빡이는 주기는 장단 여러 가지 예가 있지만, 중요한 것은 같은 주
기로 깜박이는 것은 광도까지 같다는 사실이다. 등대관리국이 '광원램프'
의 세기에 따라 켰다 끄는 시간을 정하고 있다고 한다. 10만 와트의 전구

는 어느 것이나 컸다 끄는 시간이 1분, 20만 와트라면 2분이 된다.

이러한 관계에 유의하여 은하계 가까이에 있는 성운의 변광성(變光星)에도 같은 규칙이 적용된다고 생각하면 전에 말한 '헤드라이트'법의 검증을 할 수 있다.

우선 먼 명멸성(明滅星)에서 온 빛의 세기와 은하계에 속해 삼각 측량으로 거리가 정해진 같은 종류의 명멸성의 빛의 세기와 비교해 먼 성운의 거리를 추정한다. 거리를 알 수 있으면 다음에는 문제가 되고 있는 성운의 지름을 정할 차례이다. 〈그림 1-6〉은 은하수로 보이는 우리들의 은하계 모양 및 은하계 가까이에 있는 성운이나 가스와 먼지구름의 분포를 나타낸 것이다.

적방편이가 뚜렷하게 나타나는 성운은 두말할 것 없이 훨씬 멀리에 있고 고성능의 망원경으로도 개개의 별을 분간할 수 없다. 성운 자신의 모양조차 보통의 항성과 그다지 다르지 않은 작은 빛의 얼룩에 지나지 않는다. 따라서 '등대'법은 사용할 수 없다.

성운우주의 거리를 아는 최후의 수단은 성운 자신의 크기를 조사하는 것이다. 일반적으로 성운은 모여서 집단(성운단이라고 한다)을 이룬다. 우선 가까운 성운단에 들어 있는 성운의 크기를 주의해서 살펴보면 된다. 사람의 키나 차의 크기와 같은 것으로서 거기에는 단순한 경향이 나타난다. 다음에 멀리 있는 성운 중에서도 가까운 성운단과 같은 크기나 밝기의 분포가 이루어진다고 가정한다. 자동차의 운전자와 똑같이, 성운단까지의 거리는 개개의 성운의 특징을 근거로 추측할 수 있다.

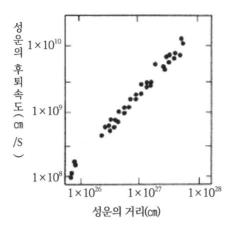

그림 1-7 | 성운의 거리와 후퇴속도

각 점은 먼 성운 또는 성운단 거리의 범위가 100배에 이르기 때문에 대수(對數) 눈금을 사용하고 있다

그래프의 횡축에 성운단까지의 거리를 표시하고 종축에 후퇴속도를 나타낸 관계도를 만들어 보자. 〈그림 1-7〉에서와 같이 여러 가지 성운의 값은 직선상에 줄지어진다. 거리가 10배가 되면 속도도 10배가 된다. 그 관계는 150억 년 전에 일어난 폭발로 우주물질이 퍼질 때 생긴 것이다.

예를 들면 은하계에서 4.6×10^{26} ㎝ 떨어진 성운은 1×10^{9} ㎝/sec의 비율로 후퇴한다. 상황을 역으로 해서 성운을 이쪽으로 이끌고 왔다고 하면 필요한 시간은 $\dfrac{4.6 \times 10^{26} cm}{1 \times 10^{9} cm/sec}$, 즉 4.6×10^{17}초이다. 1년은 3.1×10^{7} 초이기 때문에 150억 년이나 된다. 다만 거리 척도의 정밀도를 생각하면 이 연수에 수십억 년의 오차를 고려해야 한다.

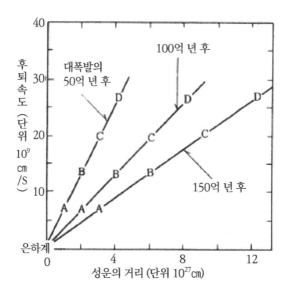

그림 1-8 | 거리-속도관계의 진화

성운 A, B, C, D는 각각 다른 속도로 우리들로부터 멀어져 간다. 그 속도는 옛날이나 지금이나 같다. 연대가 경과함에 따라 성운까지의 거리는 멀어진다. 폭발로부터 150억 년 후의 거리는 50억 년 후의 거리의 3배이다

〈그림 1-8〉은 거리-속도의 관계가 연대에 따라 변해 가는 상황을 나타낸 것이다. 대폭발로부터 50억 년이라는 옛날의 거리-속도의 관계는 지금보다 기울기가 3배나 크다. 후퇴속도는 언제나 거의 일정하지만 거리는 점차 늘어가기 때문이다.

대폭발 가설의 방증

　미국의 뉴저지주에 있는 벨전화연구소의 물리학자 윌슨(R. W.Wilson)과 펜디어스(A.A.Pendias)의 노벨상이 빛나는 것은 별이나 성운 사이에 있는 암흑의 공간에는 빛은 없지만 눈에 보이지 않는 열의 열기가 전체에 퍼져 있는 것을 실증했기 때문이다.

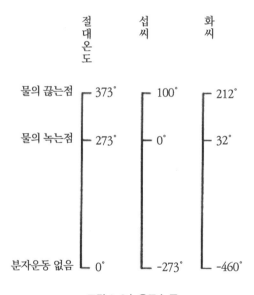

그림 1-9 | 온도 눈금

온도는 분자운동이 심한 것을 나타낸다. 모든 분자가 정지하는 온도를 절대온도 0도라 한다. 얼음-물의 혼합물에 침투해서 평형을 이루는 물질의 온도는 절대온도 273˚, 끓는 물과 평형을 이룰 때는 373˚이다. 미국에서는 일상온도는 화씨(파렌하이트도)가 사용된다. 전 세계에서 보통 사용하는 것은 섭씨(셀시우스도), 여기에는 절대온도(켈 빈도)와의 관계를 나타내고 있다

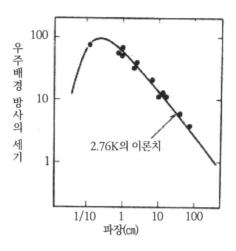

그림 1-10 | 우주 배경 마이크로파

우주에 똑같이 퍼져 있는 마이크로파역의 방사. 이 방사의 세기를 여러 파장으로 재어 보면 절
대온도 2.76도의 물체에 상당하는 스펙트럼을 얻을 수 있다

　　파장 0.1~100cm라는 긴 파장의 전자기파(마이크로파)를 감지하는 검파
기로 하늘을 향해 보면, 우주는 어디에나 절대온도 2.76K의 물체가 내는
것과 같은 약한 열의 열기를 가지고 있다(온도 눈금의 환산은 〈그림 1-9〉).

　　윌슨과 펜디어스의 발견에 계속되는 연구에 따라 마이크로파의 여러
가지 파장역(波長域)에서의 방사 측정치가 매우 낮은 우주 온도에 의해 설
명될 수 있다고 알려져 왔다(그림 1-10).

　　지구는 표면 온도가 대개 288K에 상당하는 방사를 하고 방사 중심은
적외역(赤外域)에 있다. 태양에서는 표면 온도가 5700K에 상당하는 방사
가 나오고 있어 방사 중심은 가시역(可視域)이 된다.

팽창해 가는 초기의 우주운(宇宙雲) 중에서 양성자와 전자가 점차 냉각되고 서로 결합되어 중성원자를 만들었을 때 큰 섬광(閃光)이 우주에 퍼졌다. 우주는 탄생 후 아직 10만 년을 경과하지 않아, 가스는 약 4000K의 고온을 가지고 있었다. 4000K의 가스로부터 퍼진 빛이 지금에 와서는 그 1500분의 1의 저온(2.76K) 물체에서 나오는 열밖에 되지 않는 것은 우주가 팽창했기 때문이다. 냉각해 가는 정도는 계산이 복잡해서 여기서는 하지 않겠지만 관측과 딱 들어맞는다. 이렇게 해서 대폭발의 불씨가 발견된 것은 팽창우주가설의 우세한 증거가 된다.

대폭발의 흔적

다음 장에서 논하는 바와 같이 대폭발이 일어난 직후 우주물질은 단 2종류의 원소, 수소와 헬륨으로 만들어져 있었다. 탄생 후 10만 년이 지났을 무렵 팽창해 가는 물질이 적당히 냉각되어 자유로운 전자가 양전기를 띤 원자핵을 둘러싼 궤도에 갇혀 수소와 헬륨가스가 생긴 것이다. 가스구름이 받고 있는 빛이라고 하면 대폭발의 흔적인 열뿐이다. 우주는 아직 보잘것없는 세계에 지나지 않았다. 성운도 별도 행성도 생명도 아무것도 없었다. 맹렬한 기세로 퍼지는 구름을 만들고 있는 가스분자가 나타났을 뿐이다.

그런데 아직 잘 알지 못하는 원인에 의해 구름은 무수한 집단으로 떨어져 나가기 시작했다. 한번 생겨난 덩어리는 중력의 작용으로 안정된 단위를 만든다. 덩어리는 더욱더 진화해서 성운계나 성운단이 나타난다. 성운 가운데서 가스는 더욱 잘게 나뉘어 수십억 개의 밝게 빛나는 별이 생겼다. 마침내 우주는 암흑에서 벗어나게 되었다.

처음 생긴 항성들은 이제는 죽어 버렸는지, 어린 별들 사이에 섞여 버렸는지 알지 못하지만, 지구와 같은 행성을 거느리고 있지 않은 점만은 분명히 말할 수 있다. 지구형의 행성은 수소나 헬륨만으로 되어 있지 않고 초기의 우주에 없었던 원소가 필요한 것이다. 다음 장에서는 나머지 90개 원소가 어떠한 곳에서 어떻게 만들어졌는가 살펴보자.

2장

우주를 만드는 물질

원소의 기원

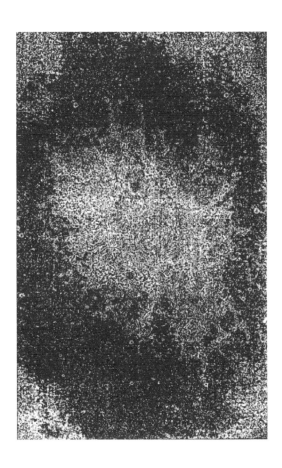

장의 첫머리

우주 가운데서 지구나 지구형의 행성은 화학적으로는 이단자이다. 지구를 만들고 있는 주된 원소는 4종류로 철·마그네슘·규소·산소이다. 한편 항성은 거의 수소와 헬륨만으로 되어 있다. 우주에서는 이 두 종류의 원소 이외는 거의 하찮은 것이며 모아도 전물질의 겨우 1%에 지나지 않는다.

행성에 생물이 살 수 있는 불가결한 조건은 딱딱한 표면을 갖는 것이다. 수소와 헬륨가스가 주성분인 천체는 딱딱한 지각이 결여되어 있다. 그러면 최초로 다루어야 할 문제는 수소·헬륨보다 무거운 원소는 어떻게 생성되어 왔는가 또한 어떻게 암석질의 행성으로 굳어져 갔는가 하는 점이다. 앞부분은 이 장에서, 뒷부분은 다음 장에서 논의하기로 한다.

태양은 무엇으로 되어 있는가?

항성은 가스의 성운이 중력에 의해 응집해서 만들어진다. 수축해 가는 성운의 수소와 헬륨은 거의 별에 자리 잡아 버리기 때문에 별의 화학조성은 모(어미)성운의 조성 그대로이다. 그러므로 태양의 화학조성을 알게 되면 태양의 원천이 되는 은하계 물질의 화학조성을 알 수 있다. 우리들의 은하계는 색다르지 않은 것 같기 때문에 우주물질의 평균 조성에 관해서도 이것으로 우선 목표를 얻을 수 있다고 할 수 있다.

별의 화학조성을 아는 데는 별빛을 회절격자(프리즘에서도 같음)를 통해서 생기는 무지개의 암선을 조사하면 된다. 1장에서 말했듯이 백열을 발하는 태양으로부터 나온 빛은 태양의 대기를 통해서 일부분 흡수되기 때문에 일곱 색으로 늘어서는 스펙트럼의 무수한 곳에 검은 구멍이 나 있다. 어느 암선에나 각각에 대응하는 원소가 있다. 암선에 상당하는 부분의 빛이 어느 정도 약해져 있는가를 조사하면 태양대기에 포함되는 원소의 종류와 분량을 알 수 있다. 다행스럽게 태양과 같은 소형의 별에서는 내부의 조성도 표면과 거의 같다고 보아도 좋을 것이다.

아크램프의 빛을 전부터 알았던 혼합가스에 통과시켜서, 어느 암선이 어느 원소의 것인가, 암선의 어둠의 비율은 혼합가스에 포함되는 원소의 양과 어떤 관계에 있는가 하는 점을 알 수 있다. 얻을 수 있는 관계를 태양 스펙트럼의 분석에 응용해 태양대기를 만드는 거의 모든 원소에 관해서 상대존재도를 구할 수 있다. '상대존재도'라는 것은 어떤 기준원소의 원자 수

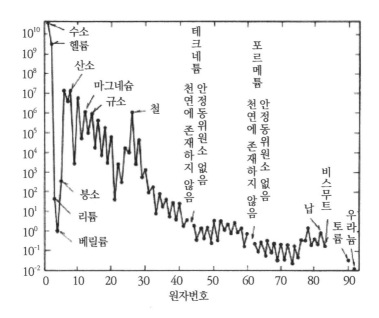

그림 2-1 │ 태양의 원소 상대존재도

원소 존재도의 범위는 13자릿수에 걸치기 때문에 눈금은 10의 제곱을 이용한다. 규소를 기준으로 해서 그 100만 원자(10^6)에 대해 각 원소가 여러 비율로 나타나 있다. 검은 점이 빠진 곳은 안정동위원소가 없기 때문에 태양 안에 존재하지 않는 원소. 대부분 스펙트럼의 시료에 의하지만 탄소질 운석이라는 특별한 운석의 화학분석에 기초한 것이 일부에 있다

에 대한 각 원소의 원자수 비율이다. 흔히 기준이 되는 원소에는 규소를 택하고, 상대존재도는 규소원자 100만 개(10^6)에 대한 각 원자수를 이용한다.

〈그림 2-1〉은 그래프 횡축에 원자번호를 써 상대존재도와의 관계를 나타냈다. 종축은 10의 제곱으로 눈금을 가늠했다. 예를 들면 헬륨은 10^9과 10^{10} 사이에 있고, 비스무트는 10^{-1}과 10^0 사이에 있기 때문에 헬륨의

양은 비스무트에 비해 100억 배나 된다. 수소와 헬륨과의 존재도는 나머지 90개 원소에 대해 자릿수 차이가 크지만, 그 밖에 그림에서 곧 알 수 있는 것은 원자번호가 커짐에 따라 존재도가 점점 줄어드는 것이다. 전체의 경향에서 튀어나오는 두 가지의 이상(異常)에도 눈여겨보아야 할 것이다. 철의 존재도는 부근의 경향보다 천 배 이상이나 된다. 반대로 리튬, 베릴륨, 플루오르의 위치는 네 자릿수 이하이다. 더욱이 다소의 흔들림이 있어서 거친 톱날처럼 보인다. 양자수가 홀수로 되는 원소는 양쪽의 짝수 원소에 비해 존재도가 적기 때문이다. 이런 여러 가지 특징은 수소나 헬륨보다 무거운 원소의 기원을 찾는 데 중요한 실마리가 된다.

대폭발의 직후에는 모든 물질이 작은 점에 집중해 있어 압력도 온도도 매우 높아 중성자나 양자는 서로 결합할 수 없다. 폭발에서 몇 초 정도 지났을 때 온도가 내려가 결합이 가능해진다. 따라서 지금 태양가스에 섞여 있는 원소는 수소와 헬륨뿐이라고 생각된다. 그 밖의 모든 원소는 수십억 년 후에 거성(巨星)의 중심부에서 생겨날 것이다.

대폭발에 의해 생긴 수소와 헬륨은 얼마 안 있어 무수히 큰 우주운으로 퍼져나간다. 개개의 우주운은 오늘날 먼 은하에서 보이는 듯한 소용돌이나 타원형을 만들고 있다. 최초의 성운 중에서 우주가스는 또다시 작은 많은 구름으로 나뉘어 자신의 중력으로 별로 응집되어 버린다. 이런 이유로 오늘 밤에도 망원경을 통해서 관찰할 수 있는 무수한 성운은 각각 수십억이라는 빛나는 별을 포함하고 있다. 주의 깊게 조사해 보면, 별의 생성은 지금도 일어나고, 한편으로는 죽어가는 오래된 별도 있다. 천문학에서는 크기와 연령에 따라 서로 다른 별을 취해 별의 진화의 역사를 하나의 그림으로 나타내고 있다. 수소와 헬륨으로부터 훨씬 무거운 원소로의 전환은 별의 진화과정에서 일어난다. 따라서 지구를 만드는 철이나 마그네슘, 규소, 산소 등의 생성도 대폭발이 아니고, 별의 진화에서 찾아야 할 것이다.

그러면 헬륨보다 무거운 원소는 별의 중심역(中心域)에서 태어났다고 어떻게 할 수 있겠는가. 실은 이제부터 기술할 놀랄만한 상황이 있다. 이야기를 들으면 대개의 사람들은 수긍할 것이다. 원소의 기원을 별에 의한 합성에 돌리는 이론에는 대폭발 이론과 같이 10점 만점에서 9점을 줄 수 있을 것이다.

원자핵 이야기

별에 의한 원소의 합성설에서 행해지는 논의의 옳고 그름을 판단하기 위해 원자핵에 관해 배워두려고 한다. 원자핵물리학이라고 하지 않고 원자핵에 관해서라고 한 것은 배운다고 하는 간단한 이야기만으로 끝나기 때문이다. 전화를 사용하는 데 교환기의 기능 등을 알지 못해도 괜찮듯이 별 가운데서 일어나는 일을 이해하기 위해 원자핵물리학 깊숙이 들어갈 것까지는 없다.

원자는 중성자와 양성자가 가득 찬 원자핵을 중심으로 되어 있다. 원자핵은 원자 질량의 거의 전체를 차지하며 매우 작아 지름 약 10^{-13}㎝에 지나지 않는다. 원자핵을 둘러싸고 복잡한 과정을 이루는 전자구름이 있다. 전자구름은 원자의 크기를 결정하고 있지만, 질량 쪽에는 거의 관계하지 않는다. 구름의 지름은 약 10^{-8}㎝(따라서 원자의 크기는 원자핵의 10만 배)이다. 전자는 마이너스 전기를 띠며, 원자핵에 포함되는 플러스 전기를 띤 양성자와 전기력이 서로 미치고 있다.

화학의 대상이 되는 반응은 2개 이상의 원자가 전자를 서로 가르는 것에 관계되어 일어난다. 전자의 공유(共有)에 의해 원자는 서로 결합해 화합물이 된다. 그러나 화학반응과 더불어 변하는 것은 전자의 궤도뿐이며, 원자핵은 원래 대로이다.

그것에 대해 물리학이 문제가 되는 것은 원자핵이 변화하는 반응이다. 옛날의 연금술사처럼 납을 금으로 만드는 방법을 찾는 것처럼, 우리들의 흥미도 같은 점에 있다. 지구를 만들고 있는 철이나 마그네슘, 규소, 산소 등의 원자가 수소와 헬륨으로부터 어떻게 하면 만들어질까.

일반적으로 화학반응에는 열이 관계된다. 젤리를 만드는 데는 뜨거운 물이, 불을 피우는 데는 불꽃이, 도자기나 철의 제조에는 용광로가 필요한 것이다. 핵반응을 일으키는 데도 보통은 이러한 열들과는 비교되지 않을 정도의 큰 열이 필요하다.

원자는 온도가 수백 도부터 2, 3천 도에서 화학반응을 일으킨다. 그 정도의 열이라면 만들어 내는 것도 쉽다. 예를 들면, 원시인은 부싯돌 조각을 맞부딪쳐 불씨를 얻었다. 지금이라면 볼록렌즈로 태양광선을 모아 종

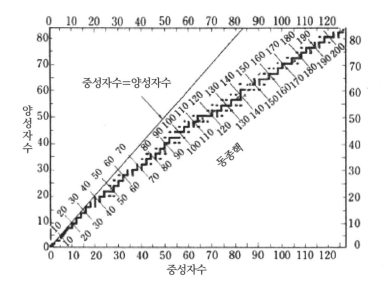

그림 2-2 | 안정된 핵종의 분포대

흑사각은 중성자와 양성자의 안정된 조합에 상당. X는 방사성 핵종 중 반감기(半減期)가 길고 별 중에서 태어난 지 몇십억 년이나 지난 것. 이들 이외의 조합은 있어도 반감기가 짧고 태양계에 남아 있지 않다. 옆으로 늘어선 핵종(양성자수가 같다)은 동위원소, 종으로 늘어선 핵종(중성자수가 같다)은 아이소토운이라 하며, 같은 단사선상의 핵종(핵을 만드는 입자의 수가 같다)을 동종 핵이라 한다. 가장 오른쪽 위는 안정된 최중핵(最重核) 비스무트 209

이에 대면 된다. 또 스토브의 점화에는 금속 조각 사이에 전기불꽃을 튀게한다. 한편, 핵 불꽃이 켜지는 온도는 2,000만도 이상이다. 이것은 쉬운일이 아니다. 강력한 가속기를 사용해 전기를 띤 알갱이를 고속으로 서로부딪치게 하기도 하는데, 핵폭발을 일으키는 방법 외에 그런 고온을 만들어 내는 방법은 물리학자라도 잘 모른다. 연금술사가 비금속을 금으로 바꾸려고 하다 실패한 것도 핵에 불을 붙이는 수단 등이 없었기 때문이다.

우주를 바라보았을 때 핵이 연소될 수 있는 천연의 고온 화로가 갖추어진 곳은 빛의 중심부뿐이다. 별이라면 반드시 그런 불을 내부에 갖고 있으며, 그렇지 않다면 빛도 내지 못할 것이다. 우주의 어딘가에 연금술이 행해지고 있다고 하면, 별의 중심부일 수밖에 없다.

어떤 종류의 핵(핵종)이 만들어져 가는가를 이해하기 위해, 안정된 핵종이라는 것은 중성자와 양성자와의 특별한 모임에 한하는 것에 주의해야 한다. 〈그림 2-2〉에서 보듯이 그림 위에 배치할 수 있는 모든 조합 중, 안정이라고 할 수 있는 것은 몇 개에 지나지 않는다.

그 밖의 것들은 만들어져도 방사성을 띠고 있고, 시간이 지나면 안정된 다른 조합으로 자연히 파괴되어 간다. 중요한 방사성 붕괴의 과정은 〈그림 2-3〉에 도시했다. 여기서는 방치해 두어도 안정한 핵종부터 살펴보자.

〈그림 2-2〉에 있는 안정한 핵종 가운데, 중성자와 양성자와의 수가 가장 많은(즉 가장 크고 무거운) 핵종은 질량 209의 비스무트이다. 입자의 총수가 209 이상의 핵은 방사성을 나타낸다. 안정한 핵종 쪽은 수소 1로 시작해 비스무트 209로 끝나는 오른쪽 위의 분포대를 만들고 있다. 대(帶)의 위치는 중성자수와 양성자수와의 비율이 가장 알맞은 곳에 줄지어 있다. 중성자 대 양성자의 수의 비는 양성자수가 적은 쪽은 약 1, 양성자수가 넘치면 중성자의 비율이 늘어 비스무트에서는 약 1.5가 된다. 양성자를 한 데 묶고 있는 중성자라는 '풀'의 양이 원자핵이 커짐에 따라 늘어나기 때문이라 해도 좋다. 중성자는 양성자끼리의 강한 전기력을 이겨내고, 중성자와 양성자를 아주 단단히 하는 역할을 하고 있지만, 상세한 설명은 원자핵물

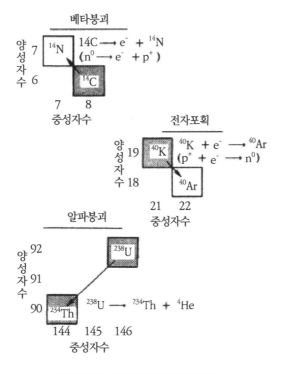

그림 2-3 | 자발 방사성 붕괴의 3형식

베타붕괴와 전자 포획에서는 동종핵을 만들 수 있다. 핵 중의 입자의 수는 불변. 알파붕괴에서는 핵에서 4개의 입자가 헬륨 4의 핵이 되어 방출된다. e-는 전자, n0는 중성자, p+는 양성자

리학에 의해 해결되어야 한다.

안정된 핵종은 모든 자연계에서 볼 수 있어 별의 중심역에 무언가 핵반응을 일으키게 하는 구조가 있어서 수소와 헬륨으로부터 만들어져 갈 것이다. 다음에 설명하는 것처럼 소(小)에서 대(大)로의 성장은 많은 단계를 거쳐 행해진다. 탄소를 만드는 데는 2단계면 된다. 철은 2, 3단계를 비스

무트는 여러 단계를 거쳐 만들어진다. 단계적이기 때문에 '가벼운' 원소는 '무거운' 원소보다도 존재도가 커지는 것이다.

대폭발과 원소의 합성

어떤 단계가 있는 것일까? 앞에 설명했듯이 우주는 한 점에 모인 원물질(原物質)로부터 시작되었다. 대폭발의 화구(火球)를 만들고 있던 것은 주로 중성자였다. 극한상태의 고밀도가 일단 완화되면, 중성자는 자연히 방사성 붕괴를 일으켜 양성자로 변한다. 붕괴 때문에 중성자는 하나의 양성자와 하나의 전자로 되지만, 그 반감기는 12분이다. 따라서 우주의 시초부터 12분 후에는 물질의 반이 중성자로, 반은 양성자가 되었다. 굉장한 기세로 퍼져나가 아직 밀도가 높은 집단 중에서 생긴 입자끼리 계속해서 충돌해 헬륨이 만들어진다. 같은 구조로 무거운 원소도 만들어지기도 하는데 그것은 세 가지 핵이 동시에 충돌했을 때 한해서만이다. 게다가 입자수가 5, 8이라는 핵종에는 안정된 물질이 없다(그림 2-4). 두 개의 양성자와 한 개의 헬륨 4가 한 번에 충돌하면 리튬 6이 생긴다. 그러나 당구대 위에서와 마찬가지로 팽창가스 중 3구(球)의 충돌은 2구의 충돌보다 훨씬 드물고 헬륨 4보다 무거운 원소는 결국 거둘 만한 양이 되지 않는다. 이 세상이 창조되었을 때 우주를 만드는 물질은 사실상 수소와 헬륨뿐이었다. 그것보다도 앞선 합성은 은하가 만들어지고, 별이 생길 때까지 뒷전에 처졌다.

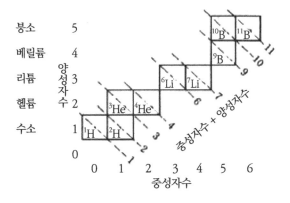

그림 2-4 │ 입자수 1에서 11에 이르는 안정핵종

중성자수+양성자수가 5와 8의 안정핵종이 없는 것에 주목해야 한다. 대폭발 때 헬륨보다도
무거운 핵의 생성을 방해한 것이 이 부분의 연결의 조각이었다

　물리학에는 우주창성의 초기에 일어난 충돌사건의 여러 가지 모델이
있다. 계산에 의하면 우주물질의 약 24%가 헬륨 4로 되었다(76%는 태초의
중성자가 붕괴된 채의 양성자[1]). 이 비율은 지금 우주의 여러 곳에서 보이는
갓 태어난 별의 헬륨 비율과 일치한다. 대폭발 가설을 지지하는 사실이 여
기에도 있다. 만약 헬륨이 수소에 비해 훨씬 많든지 적든지 하면 가설 따
위는 어떻게 될 것인가?

---

[1] 수로 말하면 수소원자 1,000개에 대해 헬륨 4가 60개이다. 헬륨은 수소의 4배의 무게 때문에 질량으
로는 24%이다.

별의 원소는 어떻게 만들어졌는가?

별에서는 멈추려고 하는 차의 브레이크가 뜨거워지는 것과 같은 이유로 높은 열이 생긴다. 차를 멈출 때 운동에너지가 브레이크 라이닝 안에서 열로 바뀌듯이 우주가스가 응집해서 별이 될 때는 중력에너지가 열로 변환된다. 발생하는 열의 총량은 매우 커 원시별의 중심부는 충분히 고온에 이르러 핵의 불꽃이 타기 시작한다.

핵반응이 일어나는 데는 우선 핵끼리 서로 접촉할 필요가 있다. 접촉하는 데는 고속도로 가까워져, 양성자끼리의 전기 척력을 이겨내야 한다. 마치 탁구공을 선풍기에 내치는 것과 같으며 되돌아와서 얼굴에 닿는 것은 안 됐지만 하여튼 고속으로 하는 것이 좋다. 온도가 높을수록 원자는 빠르게 움직인다. 1장에서도 말했듯이 온도는 분자운동의 척도이다. 예를 들면 뜨거운 스토브에 손을 대면 피부 분자의 운동이 격렬해져서 분자를 보유하고 있던 화학결합이 끊겨버린다. 그것이 바로 화상이다.

두 개의 양성자가 충돌하기 위해 필요한 속도는 온도로 고치면 약 2,000만 도에 해당한다. 그런 온도의 별에서는 약간 복잡한 연속충돌의 과정을 거쳐, 네 개의 양성자(와 2개의 전자)가 하나로 꿰매진 결과 헬륨핵이 만들어진다. 헬륨핵 안에 있는 것은 두 개의 처음의 양성자와 두 개의 중성자이다. 중성자는 양성자와 전자가 합해져서 만들어진다(원래 별 안에는 양성자 한 개에 대해 전자 한 개의 비율로 존재한다).

c를 빛의 속도로 하면 아인슈타인의 유명한 관계식이 성립된다. $E=mc^2$, 예를 들면 네 개의 수소원자가 결합해서 헬륨원자가 생길 때의 질량감소는 다음과 같다.

수소 원자 4개의 질량	6.696×10^{-24}g
헬륨 원자 1개의 질량	$-)\ 6.648 \times 10^{-24}$g
질량 감소	0.048×10^{-24}g

아인슈타인의 식을 사용해 이것을 에너지로 바꾸면 약 1×10^{-12}칼로리가 된다. 따라서 1그램의 수소가 헬륨으로 바뀌면 1.5×10^{11}칼로리의 열이 생긴다. 이것은 200만 리터의 물을 방 안 온도에서 비등점까지 끓일 수 있는 양이다.

표 2-1 | 질량(m)을 에너지(E)로 바꾼다

아인슈타인의 상대론에서 말할 수 있지만, 열을 생성하는 반응에서는 성분원자의 질량감소가 일어난다. 잃는 질량이 열로 바뀐다. 헬륨원자의 무게는 수소원자 4개의 합보다 적지만 확실히 가벼워졌다(표 2-1).

별에서 헬륨이 만들어지면, 감소한 질량 대신에 열이 생기게 된다. 핵융합의 에너지에 눈 돌린 사람들도 최초에 말한 것이지만, 열은 모두 합치면 막대한 양이 된다. 원시별 중에서 한 번 핵의 연소가 시작되면 흘러내리는 열의 압력이 별의 수축을 멈추게 한다. 별의 크기는 안정되고 오랜 기간 거침 없는 연소가 계속된다. 태양의 경우 이미 46억 년이나 계속 연소되어 수소연료를 사용하기까지 수십억 년이나 걸린다. 대부분의 별은 수소를 태우는 원자로의 열에 의해 빛을 내고 있다. 별은 우주사의 제일 첫날에 일어난 일을 지금 이어받고 있는 것이다. 그때 남아버린 수소는 시간이 지남에 따라 헬륨으로 바뀐다.

수소는 몇백억 년에 걸치는 끝없는 우주의 자원물질이며 연료로서는 충분한 양이다. 그러나 타는 것은 수소뿐이고 재는 헬륨뿐이라면 자연계의 나머지 90개의 원소는 어떻게 해서 존재하는가를 설명할 수 없다.

그 밖에도 타고 있는 것이 있다. 질량이 큰 별은 태양(별 가운데서는 하찮은 별에 지나지 않는다)의 경우보다 훨씬 짧은 시간에 훨씬 다량의 수소를 소비한다. 적색거성이라고 불리는 별에서는 수소자원을 100만 년 정도면 다 써버리게 된다. 수소가 없어지면 핵불꽃이 꺼지고 중력을 지탱하는 압력도 잃어버리기 때문에 별은 다시 수축하기 시작한다. 수축열에 의해 중심부의 온도가 상승해가고 곧이어 헬륨이 타는 온도에 이른다. 헬륨핵은 양성자 두 개를 포함하고 핵끼리의 전기척력은 수소끼리의 4배의 크기이기 때문에 수소에 비해 훨씬 높은 온도에서도 타지 않는다.

한 번 그 온도의 문턱을 넘어버리면 헬륨핵은 타서 탄소핵으로 된다 (헬륨 4가 3개 모여 탄소 12). 탄소원자의 질량은 헬륨원자 3개의 합보다 작고 감소분은 열로 되어 버린다. 타기 시작한 핵의 불꽃은 별의 수축을 멈추게 하고, 별은 다시 안정으로 되돌아간다. 같은 방법으로 해서 산소원자도 만들어진다. 여기서는 4개의 헬륨 4가 모여서 산소 16이 된다.

적색거성에서 만들어지기까지 우주의 어디에도 탄소 따위는 없었다고 할 수 있다. 탄소는 지구의 주된 성분은 아니지만, 생명체의 중심을 이루는 원소이며, 지구상에서 기후를 지배하는 큰 역할도 맡고 있다.

최대급의 별에서는 이와 같은 연료 결핍, 재수축, 내부의 온도 상승, 타

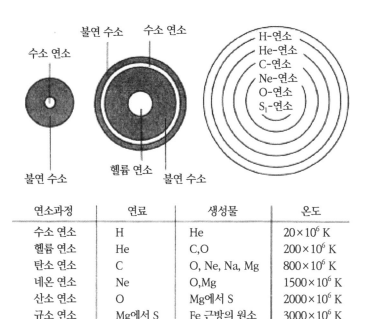

연소과정	연료	생성물	온도
수소 연소	H	He	20×10^6 K
헬륨 연소	He	C,O	200×10^6 K
탄소 연소	C	O, Ne, Na, Mg	800×10^6 K
네온 연소	Ne	O,Mg	1500×10^6 K
산소 연소	O	Mg에서 S	2000×10^6 K
규소 연소	Mg에서 S	Fe 근방의 원소	3000×10^6 K

그림 2-5 | 중심온도가 다른 3종류의 별

왼쪽의 별은 중심역에서 수소가 타 헬륨이 되는 태양과 같은 형식. 중심핵의 주위를 타지 않는 층이 싸고 있다. 가운데 별은 중심은 헬륨이 타서 탄소와 산소가 된다. 주위는 타지 않는 헬륨층. 헬륨층의 바깥에 수소가 타서 헬륨이 되는 층이 있다. 그 바깥쪽은 타지 않는 수소층이다. 오른쪽 별에서는 여러 겹의 연소층이 만들어져 있다. 각각의 사이에 타지 않는 층이 끼어 있다. 거기에 곧 안쪽의 연소층과 같은 연료가 포함되어 곧 바깥쪽의 연소층에서 타고 있는 성분에는 부족하다. 각 층의 연소에 필요한 온도는 표에 제시했다

기 어려운 원자핵의 발화의 반복이 여러 단계에 걸쳐 일어난다(그림 2-5).

이를테면 탄소는 또다시 타서 마그네슘이 되는 것 등이다. 원자핵이 합체(合體)할 적마다 얼마 안 되는 질량이 없어지고 그 대신 열이 생긴다. 단계를 밟는 성장은 철까지 계속된다. 그런데 여기서 끝나고 더욱 앞으로

진행할 수 없다. 이 앞은 합체할 때 오히려 열을 흡수해야 하기 때문이다. 철보다도 무거운 원자핵의 질량은 합체해야 할 핵의 총질량보다도 조금 크다. 따라서 별의 핵융합 화로가 합성하는 원소는 헬륨으로부터 철까지 한정된다. 그런데 이 가운데는 산소나 마그네슘, 규소도 포함되어 있다. 생성된 원소에 별의 중심부로부터 밖으로 나오는 길이 있으면 지구형 행성을 만드는 재료를 얻을 수 있다.

밖으로 나오는 길은 다음 절에서 논하기로 한다. 여기서는 태양과 같은 보통의 별의 종말에 관하여 조금 언급하기로 한다. 태양은 연료로 하는 수소가 없어지기 때문에 수십억 년 후에는 수축하는 것으로 바뀐다. 태양은 헬륨이 타는 데 필요한 수축열이 생기는 정도의 질량은 갖고 있으며 중심에 있었던 헬륨의 일부분은 탄다. 그다음은 극단적으로 높은 밀도까지 수축해 버리고 약간의 여열만 남기면서 서서히 식어간다. 백색왜성이라는 것은 실제로 그렇게 만들어진 별이다.

중성자의 포획에 의한 원소의 합성

소형의 별이 조용히 사라져가는 것과는 달리 질량이 큰 별은 격한 종말을 맞는다. 핵연료가 모두 없어져 버리면 계속해서 파국적인 별의 붕괴가 시작된다. 이미 꺼져버린 불꽃은 태울 수 없게 되고, 붕괴는 폭축(爆縮)으로 진행되어 별은 산산이 부서져 그때까지의 생성물질은 주위의 공간으로 날아가 흩어져 버린다. 이 폭축현상을 초신성(超新星)이라 한다.

초신성 현상에 수반하는 원자핵 반응에 의해 철보다도 무거운 원소군이 생성된다. 생성과정을 이해하기 위해 '실온'에서도 일어나는 특별한 원자핵반응이 있는 것을 눈여겨 보기로 한다. 중성자 포획이라는 것이 바로 그것이다.

중성자는 전기를 띠고 있지 않기 때문에 원자핵에 가까이 가도 반발력을 받지 않으며 어느 핵에 대해서도, 어떤 느린 속도에서도 내부까지 자유롭게 끼어들어 간다. 즉, 중성자는 실온에서 원자핵과 반응할 수 있는 것으로서 예전의 원자폭탄과 원자로도 이것을 근본 원리로 하고 있다.

거성의 종말의 표시인 폭발이 계속되는 동안에 무수한 핵반응이 일어나며 무수한 중성자가 생기기 때문에 물질의 압도적 다수를 중성자가 차지하고 있던 우주의 초창기 상태가 짧은 시간이지만 재현된다. 여기에 나타나는 대량의 중성자가 철보다 무거운 원소군을 만들어 낸다.

즉, 별 가운데는 무수한 원자핵이 잔뜩 모여서 존재하기 때문에 종말의 핵반응에서 생긴 중성자의 무리는 양성자와 전자로 자연 방사성 붕괴를 할 틈도 없이 금세 주위의 원자핵에 충돌한다. 철핵에 부딪치는 것도 많아 흡수된 철핵은 무거워진다. 중성자는 초신성이 폭발하는 동안에 연달아 내려오기 때문에 철핵은 점점 부풀어 오르고, 마침내 중성자가 포화 상태에 달한다. 또다시 충돌하는 것은 핵을 꿰뚫고 나갈 뿐이다. 그 순간 정체하는 사이에 부풀어 오른 핵에서 전자가 방출된다(방사성 붕괴). 핵 가운데 중성자가 하나의 양성자로 되고, 철은 코발트로 변해 버린다. 새로

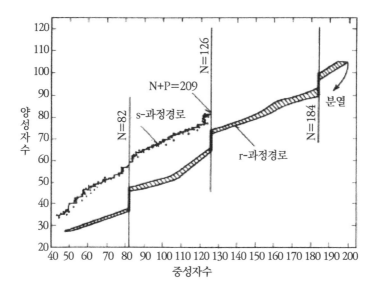

그림 2-6 | 중성자 충돌로 철보다 무거운 원소가 생긴다

중원소를 만드는 s과정과 r과정. s과정은 별의 중심역에서 철의 생성과 나란히 일어나며 원자
로처럼 제어되면서 진행한다. 중성자가 충돌해서 다음 충돌하기까지 시간이 있고, 만들어진
핵은 베타붕괴해서 안정핵종이 된다. 따라서 성장경로는 안정대(그림 2-2)와 일치한다. 또한
가장 무거운 안정핵종 비스무트 20g으로 끝난다.

r과정은 초신성 폭발에 일어나며 원자폭탄과 비슷하다. 중성자가 연속해서 충돌하기 때문에
생긴 핵은 베타붕괴의 틈이 없이 중성자를 흡수할 수 없게 되는 곳까지 늘어났기 때문에 베
타붕괴를 일으킨다. 성장경로는 안정대보다 중성자수가 많은 대를 만든다. 입자수 209를 넘
어 300 정도까지 진행된다. 여기까지 온 핵에 중성자가 닿으면 핵분열이 일어난다. 중성자수
82, 126, 184의 부분은 성장경로에 단(段)이 있고, 마법 중성자수라 한다. 이상하게 안정도가
높은 핵이 만들어지기 때문에 '마법수'라고 하는 것이다

생긴 코발트핵은 다시 중성자를 흡수해 가고 포화상태에 달한다. 그리고
전자를 방출해서 니켈이 된다. 철에서 우라늄으로의 성장은 이와 같은 두
가지 경로를 거쳐 일어난다.

연쇄는 여러 번 되풀이되고 원자핵은 중성자 포화의 과정을 통해 커져 간다(그림 2-6). 충돌이 계속해서 일어나기 때문에 생긴 핵의 방사성 활성 (活性)은 핵 성장의 방해는 되지 않는다. 비스무트를 넘어 우라늄이나 토륨 도 넘고, 곧이어 핵이 지나치게 부풀어 오르기 때문에 중성자 충돌로 오히 려 두 개로 분열해 버리는 곳까지 계속된다. 분열한 핵은 다시 중성자의 표적이 되어 포화의 선을 찾아 성장한다.

중성자 폭격은 폭발에 관계되어 일어나는 일이기 때문에 격하기는 해 도 오래는 계속되지 않는다. 갑자기 시작된 것처럼 갑자기 끝나버린다. 중 성자로 포화되어 있는 핵은 그때부터 자유로운 방사성 붕괴를 시작한다. 중성자를 너무 떠맡은 상태에서 안정된 중성자 대 양성자수의 비로 되기 까지 하나하나씩 전자를 방출한다(그림 2-7).

비스무트보다 무거운 핵 중에는 전자만이 아니라 알파입자(헬륨원자핵) 를 방출해, 납의 동위원소 등의 안정핵으로 전이해 가는 것도 있다. 대개 의 원자핵에서는 조화를 이르는 것은 재빨리 끝나 버리지만, 드물게는 방 사성 붕괴를 일으키기까지 오랜 시간이 걸리는 핵이 사이에 나타나기 때 문에 현재도 조정 과정이 계속되고 있는 것도 있다. 나중에 기술하지만, 그런데 아직도 남아 있는 반감기가 긴 동위원소는 개개의 행성의 내부진 화에 매우 중요한 역할을 다한다.

이상 말한 핵합성 반응을 r과정이라 한다. 이것으로 질량수 56(철)에서 238(우라늄)까지의 핵종이 만들어지는데 이 질량 범위 내에 있는 안정된 핵종이 이것뿐이라고 하는 것은 아니다. 〈그림 2-2〉를 살펴보면 알 수 있

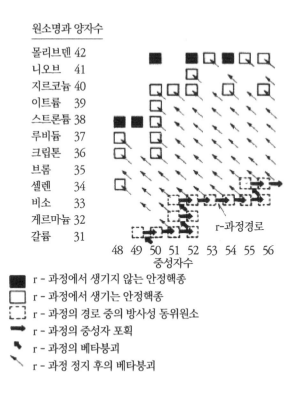

원소명과 양자수

몰리브덴	42
니오브	41
지르코늄	40
이트륨	39
스트론튬	38
루비듐	37
크립톤	36
브롬	35
셀렌	34
비소	33
게르마늄	32
갈륨	31

r-과정경로

48 49 50 51 52 53 54 55 56
중성자수

■ r - 과정에서 생기지 않는 안정핵종
□ r - 과정에서 생기는 안정핵종
[ ] r - 과정의 경로 중의 방사성 동위원소
➡ r - 과정의 중성자 포획
🢆 r - 과정의 베타붕괴
🢇 r - 과정 정지 후의 베타붕괴

그림 2-7 | r과정의 경로의 예

r과정의 중성자 포획은 핵이 중성자를 보유할 수 있는 최대한도가 되기까지 계속된다. 거기서 베타붕괴가 일어나 양성자수가 하나 많은 원소로 바뀐다. 이 과정(중성자 포획의 포화와 계속되는 베타붕괴)은 여러 번 반복되어, 양성자수가 많은 중원소가 만들어져 간다. r과정에 의한 원소합성은 적색거성의 폭발과 동반되어 일어나며, 따라서 곧 끝난다. 중성자 폭격이 끝난 다음 r과정의 분포 대상에는 방사성 활성이 강한 동위원소군이 남아 계속해서 베타 입자를 방출해서 안정핵이 되어 간다. 안정핵종 중에 무게가 같은 두 종류의 핵종이 존재하는 경우 r과정에서 생기는 것은 중성자수가 많은 쪽뿐이다

듯이 질량수가 짝수인 중핵은 보통 안정된 핵종으로 두 종류 있는데(질량수가 홀수인 경우는 한 종류뿐), r과정에서 만들어지는 것은 중성자가 많은 쪽이다(그림 2-7). 자연계에는 두 종 모두 인정되기 때문에 원소합성의 이야기는 아직 끝난 것이 아니고 한 가지 더 빠뜨릴 수 없는 과정이 남아 있다.

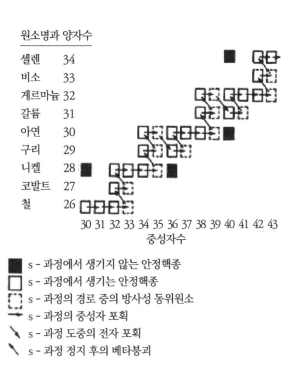

원소명과 양자수

셀렌	34
비소	33
게르마늄	32
갈륨	31
아연	30
구리	29
니켈	28
코발트	27
철	26

30 31 32 33 34 35 36 37 38 39 40 41 42 43
중성자수

■ s - 과정에서 생기지 않는 안정핵종
□ s - 과정에서 생기는 안정핵종
⌞⌟ s - 과정의 경로 중의 방사성 동위원소
→ s - 과정의 중성자 포획
↘ s - 과정 도중의 전자 포획
↘ s - 과정 정지 후의 베타붕괴

그림 2-8 | s과정 경로의 예

핵이 중성자를 잡아 방사성 동위원소가 생기면 다음으로 베타붕괴나 전자 포획이 행해져 안정된 핵종이 되어 간다. 태양계에 보여지는 안정핵종은 s과정에서 생긴 핵종 외에 s과정의 분포대보다 아래에 r과정에서 생긴 것, 위에 양성자 충돌로 생긴 것이 포함된다

이것도 중성자가 관계되어 있다. 즉, 별의 일생 동안 계속되는 조용한 핵반응에 따라서 중성자가 방출되는 부차적인 핵반응이 일어나서 생긴 중성자가 r과정의 때와 똑같이 가벼운 원소를 무거운 원소로 만들어 내는 것이다. 양쪽의 차이는 중성자 충돌의 빈도에 있다. r과정에서는 빈도가 극단적으로 높기 때문에 생긴 핵종의 방사성 수명이 아무리 짧아도 붕괴가 일어날 틈 없이 계속되어 중성자가 충돌한다. 그런데 별의 중심부의 핵반응에 관계되는 중성자의 충돌은 훨씬 느린 간격으로 일어난다. 특별히 반감기가 긴 방사성 동위원소를 따로 하면, 충돌에서 충돌까지 사이에 붕괴가 일어나는 데 충분한 시간이 있다. 따라서 s과정이라 부르는 이쪽 반응의 경로는 안정된 원자핵의 분포대와 겹치게 된다(그림 2-8). s(slow)과정이라고 하는 것은 이 때문이며, r(rapid)과정에서는 합성되지 않았던 안정핵의 대부분이 만들어진다.

s, r과정의 어느 쪽에서도 합성되지 않는 핵종은 얼마 되지 않지만 나타난다. 이런 종류의 핵의 존재도는 s과정 및 r과정이 만드는 동위원소에 비하면 100분의 1에 지나지 않으며, 별의 핵융합로의 부차반응에서 생기는 양성자의 기능에 의해 합성된다.

별이 원소를 합성하고 있다고 어떻게 알 수 있는가?

헬륨보다 무거운 90개의 원소의 합성을 설명하기 위해 천체물리학이 생각해 낸 단계를 따르는 핵반응과 종말의 폭발이라고 하는 것은 어느 정도 사실이라고 보아도 좋을 것이다. 확실한 근거가 있다고 할 수 있는가? 기껏해야 거창하다는 사실을 이야기할 뿐인가? 별의 중심으로 탐사기를 보내서 조사할 수 없기 때문에 직접 증거를 밝힐 수는 없지만, 간접 증거라면 존재한다. 여기에 이르기까지 중요한 두 가지 사항부터 말해 보기로 한다.

그 하나는 별을 빛나게 하는 데 필요한 에너지의 원천으로 생각되는 것은 핵에너지뿐이다. 거성의 중심부에 대해서 계산된 압력과 온도는 수소뿐이 아니고, 헬륨이나 나아가서 무거운 원소까지 핵반응을 일으킬 수 있는 크기, 세기도 관계된다.

그 두 번째는 거성의 폭발 현상은 현실로 관측되고 있다(그림 2-9).

세 번째는 지구상에 없는 특수한 원소 테크네튬이 간직하고 있는 증거이다. 테크네튬은 태양스펙트럼의 암선에서는 볼 수 없는데 그 이유는 안정된 동위원소를 가지지 않기 때문이다. 한편, 초신성의 잔해라고 하는 천체의 스펙트럼에는 이 원소의 선이 빠짐없이 나타난다. 테크네튬에는 비교적 반감기가 긴 두 가지 동위원소 테크네튬 97(반감기 260만 년)과 테크네튬 98(420만 년)이 있는데 그 때문에 초신성이 폭발로 생성된 후에도 수백만 년간은 남아 있게 된다. 태양계에서는 탄생해서 46억 년 지나서 완전히 소멸해 버렸다. 초신성 폭발에서 생긴 성운에 테크네튬의 암선이 나타난다는 사실은 적색거성에서 일어나는 원소합성설을 강하게 뒷받침하고 있다.

네 번째 증거는 태양에 포함되는 모든 핵종의 상대존재도이다. 여러

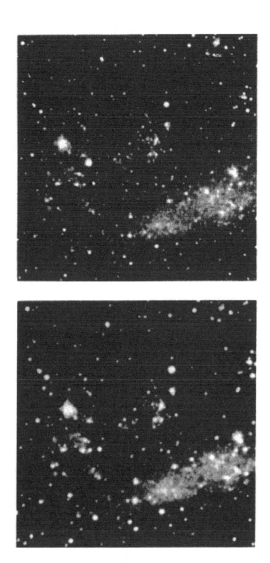

그림 2-9 | 대마젤란 구름의 초신성

1987년 2월 24일 출현. 촬영은 3월 10일. 초신성은 화면 중앙 왼쪽에 보인다. 그 왼쪽의 밝은 빛은
가스성운. 하반부는 마젤란 구름의 별이 밀집된 부분. 아래 그림은 초신성 출현보다 1년 전의 사진

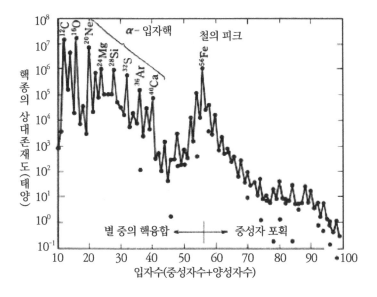

그림 2-10 | 핵종별의 상대존재도

질량 10에서 50까지는 입자수가 4로 분할되는(12, 16, 20, 24, 28, 32, 36, 40) 핵종은 전후의 핵종에 비해 존재도가 매우 크다. 이것을 알파입자핵이라 한다. 질량 50에서 100의 핵종의 존재도는 입자수 짝수의 쪽이 전후의 홀수에 비해 3배 이상 크다. 그림 중 둥근 점이 상하로 2개 있는 곳은 중성자+양성자수가 같은 두 가지 핵종이 존재하는 곳이다

가지 원소가 적색거성 안에서 생성될 때, 각각의 비율이 얼마나 되는가를 구하는 상세한 계산이 행해지고 있다. 계산 결과를 원소존재도 곡선과 비교하면, 주요한 특징이 멋지게 일치한다. 존재도 곡선이지만, 〈그림 2-10〉에서는 횡축에 입자수를 나타내고 있다. 횡축에 양성자수를 나타낸 〈그림 2-1〉과 언뜻 보기엔 비슷하지만 더욱더 자세한 것까지 알 수 있다. 모든 특징에 관해서 이유를 말하는 것은 어렵지만, 특히 중요하고 더구나

바로 이해할 수 있는 것도 몇 가지 있다. 한 가지는 철(〈그림 2-10〉에서 입자수 56의 부분)의 주위의 요철 부분이다. 폭발하는 별의 중심부의 물질은 철이기 때문에 우주물질 중에서 철의 주된 핵종인 철 56이 이처럼 다른 핵종보다 많은 것은 이상하지 않으며 훨씬 눈에 잘 띄어도 좋으리라고 생각된다. 별 내부의 물질이 모두 철이 된다고 하면, 초신성이 남긴 티끌 중에 탄소나 산소, 마그네슘, 규소 등의 원소는 포함되지 않아도 좋을 것이다. 그렇게 별의 눈(芯)의 영역에서는 정말로 그대로인 것이지만, 별의 눈 주위의 층은 거기까지 가지 않는다. 거성의 중심부는 철이 되어도 바깥쪽에는 다른 핵이 타고 있는 층이 있다.

다음은 입자수 6에서 11의 범위가 깊은 골이다. 질량 5와 8의 안정핵종이 존재하지 않는 것은 이미 알고 있는 사실이다(그림 2-4). 리튬 6과 7이나 베릴륨 9, 붕소 10, 11이라는 안정핵종군은 있지만 핵융합로 안에서 어느 것이나 특별히 타기 쉽기 때문에 초신성 현상에서 방출되는 먼지에는 거의 남아 있지 않다. 타기 쉬운 점에서 말하면 우주물질에 소량이라도 인정되는 쪽이 기묘하게 여겨지며 아마도 무언가 특별한 과정으로 생긴다고 생각된다.

다음의 특징은 입자수 10에서 40의 범위에서 4의 배수에 해당하는 핵종이 눈에 띈다. 어느 것이나 안정도가 특히 높은 헬륨 4라는 핵의 모임이기 때문에 핵불꽃의 중요한 생성물이 된다.

존재도와 중성자 포획단면적

s과정에서 생기는 핵종에 관해서는 각각의 존재도와 핵종의 '중성자 포획단면적'이라 부르는 성질과의 사이에 한 가지 관계가 있다. 예를 들면, 사격장의 표적에서 보이듯이 일부의 핵종은 중성자의 타격을 받는 단면적이 크다. 〈그림 2-11〉을 보면 표적이 큰(중성자 포획단면적이 큰) 핵종은 작은 것에 비해 존재량이 적은 것을 알 수 있다. 이 관계는 딴 것도 아닌 각각의 핵종이 속도가 느린 중성자의 쏘임(照射)을 받아 나아갈 때 예상되는 관계인 것이다.

그것은 다음의 예로서 알 수 있을 것이다. 투구 연습장에서 상금을 걸기 시작했다. 참가자는 매달아 놓은 고리에 공을 던져넣는 것인데, 고리에는 대소 2조가 있어서 큰 고리에는 상금이 조금 걸리고, 작은 고리에는 상금이 많이 걸려 있다. 한 연습장이 옆 가게를 앞지르기 위해 공이 닿았을 때 큰 고리였다면 작은 고리로, 작은 고리였다면 큰 고리로 바꾸는 장치를 한 뒤 매일 아침 개장 때는 고리의 4분의 3은 큰 것, 나머지는 작은 것으로 설치해 두었다. 며칠 지나서 폐장 후에 조사해보면, 언제나 대부분의 고리가 작은 것으로 바뀌어 있다. 거기서 경영자는 이 장치의 필연적인 귀결점을 알아차리는 것이다. '많은 상금'을 탄 수는 '적은 상금'보다 조금밖에 없기 때문에 작은 고리를 훨씬 늘여 두어도 좋다는 사실을 알 수 있다. 멋모른 손님은 멋지게도 작은 고리에 맞춘 수는 큰 고리보다 훨씬 적었다.

고리는 쓰임을 받는 핵종, 맞추는 공은 중성자, 고리의 크기는 중성자

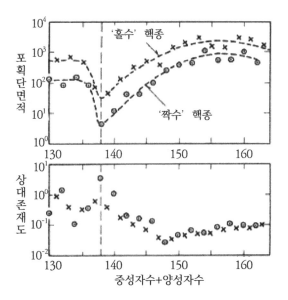

그림 2-11 | 중성자 포획단면적과 존재도의 관계

위 그림은 s과정에서 생기는 핵종의 중성자 포획단면적. 횡축은 핵의 입자수. 매끄럽게 변화하고 있는 것. 입자수가 짝수 쪽이 홀수보다 단면적이 작은 것. 양쪽 다 질량 138 부근에 극소가 있음에 주의. 이 부근의 핵종은 중성자 82의 마법(그림 2-6)에 상당한다. 존재도(아래 그림)와 단면적과는 역비례가 되고, 단면적이 작을수록 존재도가 크다

포획단면적이다. 중성자가 닿을 적마다 원자핵의 포획단면적이 서로 바뀌는 것도 고리의 장치와 같다. 드디어 포획단면적이 작은 핵종이 큰 것보다 늘어나 버린다. 핵종의 존재도의 비율은 기대한 대로 되어 간다.

존재도 곡선상의 입자수 138과 208의 부분에 산이 생긴 것도 핵종의 존재도가 중성자 포획단면적에 관계되기 때문이다(그림 2-12). 이 두 핵종이 포함되어 있는 중성자의 수를 물리학에서는 마법수(魔法數)라 한다. 중

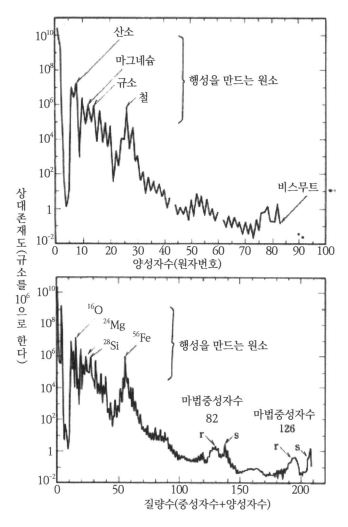

그림 2-12 | 행성을 만드는 원소군

위 그림: 원소의 상대존재도. 비스무트까지 천연으로 존재하지 않는 원소는 2종류. 테크네튬 (43번 원소)과 프로메튬(61번 원소).

아래 그림: 횡축에 입자수를 나타내 눈금을 매긴 상대존재도. 입자수 208까지 천연에 존재하지 않는 동종핵은 2종류. 질량 5, 8.

성자수 82 및 126을 갖는 핵종은 몇 가지 이유에서 특히 안정된 것이다. 중성자를 하나 더 취하는 경우의 포획단면적이 작다고 하는 주장도 생긴다. 그 때문에 s과정에서 주위의 핵종이 생겨날 때 마법수 핵종의 양은 많아진다.

〈그림 2-12〉를 보자. 지금 말한 입자수 138, 208과 더불어, 130과 194를 중심으로 한 존재도의 산이 인정된다. 이들은 같은 중성자 마법수 82와 126에 관계되어, r과정에서 생긴 산에 상당한다. 〈그림 2-6〉으로 돌아가 보면 알 수 있지만, r과정의 코스는 마법 중성자수의 부분에서 단(段)을 만든다. 꼭 알맞은 중성자수가 된 핵종은 더 이상 중성자를 거둬들이는 것을 원활하게 하지 않기 위해 양성자수가 다른 여러 종류의 중성자 포화핵이 남아 단이 생긴다. 핵종의 안정성도 좋아져서 베타붕괴를 일으키기까지의 시간도 얼마간 길어져 남는 것의 비율은 또다시 늘어난다.

r과정을 일으키는 중성자 폭발이 끝난 뒤, 각각의 핵종은 계속해서 베타붕괴를 일으켜서 안정된 핵종으로 옮겨간다. 따라서 생기는 안정핵의 중성자수는 마법수보다도 적어진다. 존재도의 증가 부분의 산이 2개가 늘어서 있는 것은 이 때문이다. s과정에서 생기는 산은 마법수의 부분에 생기고, r과정 쪽은 중성자가 적은 쪽으로 치우쳐 있다.

짝수 번 원자의 우위

우주물질에서는 짝수 번째의 핵종 쪽이 존재도가 크다. 모든 핵종의 분포도(그림 2-13)에서 알 수 있듯이 일반적으로 양성자수가 짝수인 원소는 몇 가지 종류의 동위원소를 가지는 것에 비해 양성자수가 홀수인 경우에는 한 가지뿐이다. 그 이유를 〈그림 2-14〉에서 설명하기로 한다.

이것은 좌우 어느 쪽의 그림도 5개의 같은 중핵(重核)(구성 입자수가 같은 핵종)에 관해서 질량의 차이를 그림에 나타낸 것이다. 어느 쪽이나 가장 안정된 핵은 질량이 최소인 핵종이다. 오른쪽의 입자수 103과 같은 중핵에서는 중성자수 58, 양성자수 45가 가장 안정된 것이다. 왼쪽의 입자수 102와 같은 중핵에서는 중성자수 58, 양성자수 44이다. 일반적으로 원자핵은 밖에서 전자를 얻고 내부의 양성자 하나를 중성자로 바꾸는 경우가 있다. 단지 그런 전환이 일어나는 것은 질량이 감소하는 쪽으로 향하는 경우에 한한다.

그런 두 가지의 일반원칙을 참고로 해서 〈그림 2-14〉에서 두 절선의 모양을 살펴보기로 하자. 같은 중핵 103쪽 절선은 V자 모양을 하고 있어 이를테면 어느 한쪽에서 공을 놓으면 바닥에서 멈춘다. 핵종의 입장에서 말하면 입자수 103의 어떤 핵이 합성되어도 전자를 취하기도 하고 방출하기도(베타붕괴) 해서 질량이 감소하는 쪽으로 옮겨 마침내 양성자수 45, 중성자수 58의 조합으로 된다. 바로 이것이 입자수 103에 대한 단 하나뿐인 안정핵종이다. 홀수인 그 중핵은 어느 것에서도 양성자와 중성자의 수가 '홀수-짝수' 아니면 '짝수-홀수'의 조합으로 된다. '홀수-짝수'의 핵종과 '짝수-홀수'의 핵종에서는 안정도에 별다른 차이가 없기 때문에 질량절선(質量折線)이 단순해진다. 골의 밑바닥은 양성자수 대 중성자수가 가장 바람

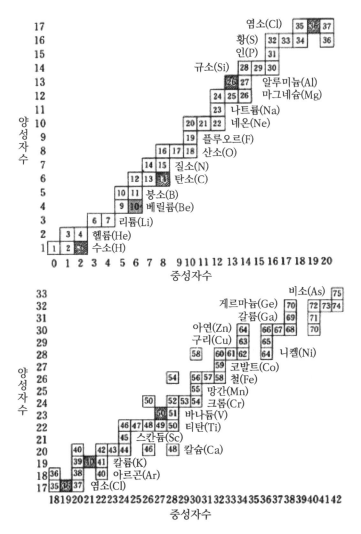

그림 2-13 | 전핵종의 분포도

천연에 존재하는 핵종은 이 안에 모두 들어 있다. 사선을 그은 핵종은 방사성 동위원소. 그 일부는 반감기가 길기 때문에 별 안에서 합성되어 현재도 남아 있는 것. 그 밖에 우주선의 충돌에 의해 대기 중에서 극히 미량이 생기는 것. 복잡하게 되는 것을 피해 토륨, 우라늄의 방사성 붕괴 핵종계열은 따로 열거했다

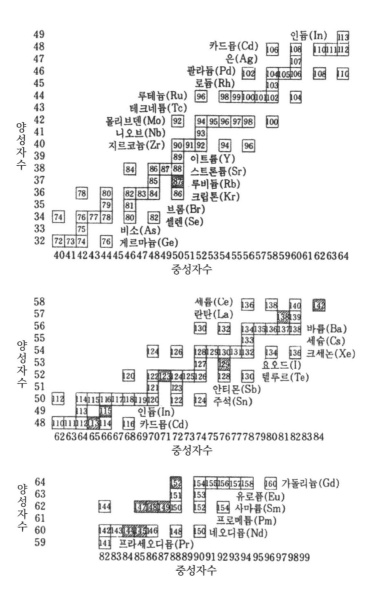

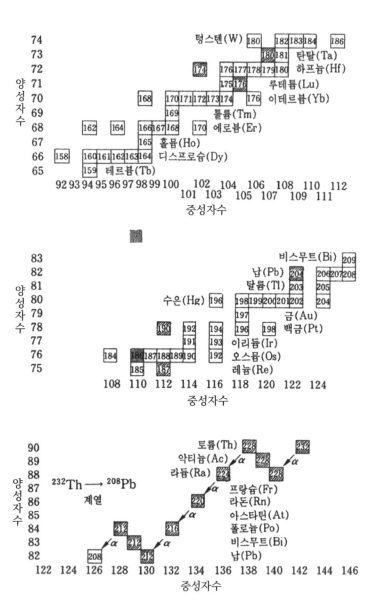

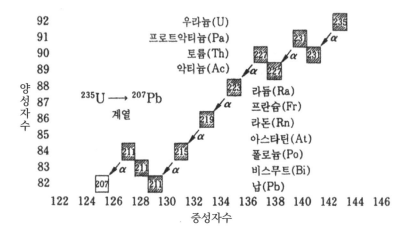

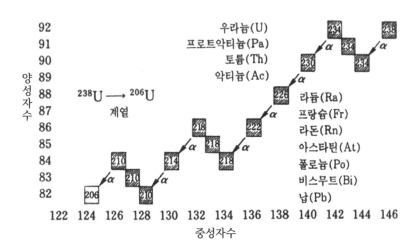

직한 비에 상당한다.

같은 중핵 102 절선의 쪽은 W자형이 되어 중앙에 언덕이 생긴다. 공을 오른쪽에서 놓으면 오른쪽 골에서 멈추고 왼쪽에서 놓으면 왼쪽 골에서 멈춘다. 중앙에 언덕이 생기는 이유는 중성자와 양성자의 조합이 양쪽다 '짝수' 또는 '홀수'이기 때문이다. '짝수-짝수'의 조합은 '홀수-홀수'에비해 꽤 안정도가 높다(질량이 작다). 따라서 그 중핵에는 두 개의 안정핵종

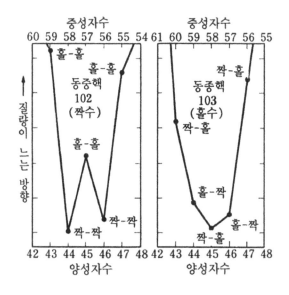

그림 2-14 | 입자수와 결합력의 규칙성

2조의 동종핵의 질량 분포를 나타낸다. 왼쪽은 입자수 102(짝수) 오른쪽은 103(홀수)의 경우 질량이 작을수록(아래에 있는 것) 결합이 강하다. 홀수의 동중(同重) 핵종 사이에서는 질량 최소의 것이 하나로 정해지지만, 짝수의 쪽은 두 개가 있다. 중성자수와 양성자수의 조합이 '홀-홀'의 것은 '짝-짝'의 것에 비해 결합력이 약해지기 때문이다

이 나타난다. 하나는 양성자수 44, 중성자수 58이다. 또 하나는 양성자수 46, 중성자수 56이다.

'짝-짝' 조합의 우위 때문에 홀수 번 원소에는 단지 하나의 동위원소밖에 없고 짝수 번 원소에서는 여러 종류가 나타난다. 〈그림 2-12〉의 존재 도곡선이 확실히 톱니 모양을 나타내는 것은 이 때문이다.

장의 끝머리

태양은 우주에서 최초로 생긴 항성이 아니다. 최초의 항성은 수소와 헬륨만으로 되어 있었다. 태양은 나중에 태어났으며, 그 원소 조성은 태양에 훨씬 앞서서 태어나서 사라져 간 무수한 적색거성의 폭발생성물 조성에 지나지 않는다. 태양의 탄생에 앞서 은하계의 형성은 두말할 것 없이 막대한 수의 적색거성의 탄생과 소멸이 있었다.

여기까지 생각해온 것으로 봐서 중원소(重元素)의 생성은 우주를 만드는 모든 성운 가운데서 일어나고 있을 것이다. 암석 행성의 원재료는 우주 이곳저곳에서 손에 넣을 수 있어 원료가 없기 때문에 지구형 행성의 생성이 방해받고 있다고 하는 일은 있을 수 없다.

3장

태양계는 어떻게 해서 생겼는가?

그 과정과 환경

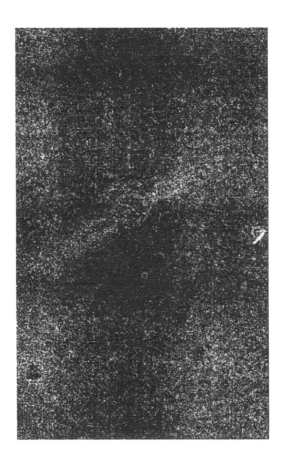

장의 첫머리

　　지구나 여러 행성은 의심할 여지없이 태양 탄생의 부생성물이지만 탄생의 경로는 밝혀지지 않고 있다. 여러 가지 가설은 있지만 어느 설도 10점 만점에서 4점 이상은 얻을 수 없다. 앞으로 말하겠지만 이 지식의 장벽은 생명이 살 수 있는 행성이 생기는 확률을 구할 때 항상 장해가 된다. 행성 표면의 모습을 정해 버리는 여러 종류의 원소에, 하나의 행성이 어느 정도 혜택받는가는 생성과정의 상세한 부분과 깊이 관련된 것이다. 그런데 중요한 과정을 겨우 안다고 해도 정면에서 파고 들어가면 용이하지 않으므로 상세한 부분은 바라볼 수 있는 범위 밖의 것이다.

　　태양계 행성이 생겨난 과정을 올바르게 말하기 위해 충분한 지식은 없다고 해도 이 장에서 말하는 몇 가지 중요한 단서가 있다. 그 단서는 네 가지 면에서 얻을 수 있다. 즉

　　1. 아홉 행성 각각의 궤도, 행성의 크기·질량[2]

---

[2] 물체의 질량은 거기에 포함되어 있는 양성자와 중성자(합쳐서 핵자)의 수로서 정해진다. 질량은 흔히 무게로 표시하기도 한다. 무게라고 하는 것은 물체에 가해지는 지구(또는 행성이나 달, 물체를 안고 있은 천체)의 인력이다. 이를테면 우주 비행사가 체중계를 달에 가지고 가서 사용한다면 눈금은 지구상에서의 6분의 1을 가리킨다. 그런데 비행사의 질량은 변하지 않는다.

2. 무인탐사기가 보내온 화학성분의 측정치

3. 지구상의 암석에 대한 화학분석의 결과

4. 운석의 광물조성 및 화학조성

이다.

행성의 주된 특징은 무엇일까?

행성들의 궤도는 어느 것이나 대체로 원형이며 거의 하나의 평면상에 놓여 있다. 그 평면은 태양의 적도면에 가까운 곳에 있다. 행성은 각각의 궤도를 같은 방향으로 돌며, 그것은 태양의 자전방향과 같다. 이런 기본구조로 봐서, 태양계의 근원이었던 성운은 회전하고 있었으며 여러 특성의 공전이나 태양의 자전은 원시성운의 회전의 흔적이라고 보여진다. 만약에 궤도가 제멋대로 뿔뿔이 향하고 있다면 행성은 다른 곳에서 생겨나 나중에 태양에 붙잡힌다고 말할 수밖에 없다.

1장에서 말한 방법을 이용해서 태양에서 행성까지의 거리가 정해진다 (표 3-1). 화성과 목성 사이에 많은 소행성이 분포해서 띠를 만들고 있는 것을 열 번째 행성이 생기지 못한 잔해라고 하면 그것을 포함한 모든 행성의 궤도 간격에는 규칙성이 있다고 할 수 있다. 〈표 3-2〉에서 볼 수 있듯이 태양에 가까운 것에서 차례차례로 궤도의 반경이 1.6배씩 일정한 비율로 커지고 있다. 행성의 생성을 설명하려고 한 과거의 많은 이론은 이 규칙성을 중시한 것인데 지금은 소용없어졌다. 무언가 특정한 체계를 이끌 만큼 눈에 띄는 점도 정확한 규칙도 없기 때문이다.

행성의 질량은 주위에 있는 위성의 운동을 조사하든가 그 밖의 행성이나 지구에서 보낸 탐사기에 작동하는 중력의 작용을 조사하여 구한다. 가장 작고 가장 먼 명왕성을 빼고 질량은 잘 정해져 있다. 주로 이용하는 산출방법은 다음에 나타내는 교묘한 방법으로 17세기 초 독일의 천문학자

케플러(J. Kepler)가 밝힌 법칙에 근거하고 있다. 즉, 하나의 위성이 모행성을 일주하는 시간(주기)은 행성에서의 거리(궤도반경) 및 질량과 일정한 관계가 있으며, 중력상수를 넣어 다음 식으로 나타낸다.

$$주기 = 중력상수 \times \left(\frac{(모천체까지의 \ 거리)^3}{모천체의 \ 질량} \right)^{\frac{1}{2}}$$

행성이 고유의 위성을 가지면(화·목·토·천·해), 이 식으로 질량을 구한다. 위성이 행성을 일주하는 시간과 행성까지의 거리를 측정하면 모행성의 질량을 알 수 있기 때문이다. 공전 주기는 위성 쪽의 질량에는 관계하

행성	궤도반경 (단위 10^{13}cm)	태양일주 시간 (년)	궤도의 경사각* (도)	궤도의 이심률†	자전시간 (일)
수 성	0.58	0.24	7.0	0.21	59.
금 성	1.08	0.62	3.4	0.01	243.
지 구	1.50	1.00	0.0	0.02	1.0
화 성	2.29	1.88	1.9	0.09	1.0
소행성 케레스	4.15	4.60	10.6	0.08	0.4
목 성	7.70	11.9	1.3	0.05	0.4
토 성	14.3	29.5	2.5	0.06	0.4
천왕성	28.3	84.0	0.8	0.05	1.0
해왕성	45.1	164.8	1.8	0.01	0.9
명왕성	59.2	247.7	17.2	0.25	6.2

✶ 지구궤도의 평면을 기준으로 한다.
† 원에서의 편향(치우침)을 나타내는 양.

표 3-1 | 아홉 행성 및 최대의 소행성 케레스의 궤도표

행성	태양에서의 거리 (단위 10^{13}cm)	1.6배의 비가 완전한 경우의 거리(단위 10^{13}cm)
수 성	0.58	0.9*
금 성	1.08	1.4
지 구	1.50	2.2
화 성	2.29	3.6
소행성	4.05	5.7
목 성	7.80	9.2
토 성	14.3	15
천왕성	28.8	23
해왕성	45.1	38
명왕성	59.2	60

＊수성 이외의 8행성의 거리를 가능한 한 알맞도록 했을 때의 값.

표 3-2 | 각 행성의 궤도 간격의 규칙성

각 행성의 궤도반경은 바로 안쪽 행성의 약 1.6배가 되지만 완전한 규칙성을 이루지는 못한다

지 않음에 주의해야 한다. 그것이야말로 행성을 돌고 있는 우주비행사가 자신을 갖고 우주선 바깥으로 나가기도 하고 안심하고 스패너를 손에서 놓는 이유이다. 행성에서 같은 거리를 도는 모든 것은 질량에 관계없이 도 는 주기도 같다.

위성을 갖고 있지 않는 행성(수·금·명)에서는 질량을 계산하기 위해선 복잡한 절차가 필요하다. 어떤 행성의 궤도운동도 다른 여러 행성의 중력 의 영향을 받고 있다. 섭동(攝動)이라 부르고 있는 그 작용의 대소는 힘을 미치는 여러 행성의 질량에 의존하기 때문에 장기간에 걸쳐서 행성의 위 치를 상세히 관측하면 계산으로 질량에 관한 지식을 이끌어 낼 수 있다.

표 3-3. 행성의 물리표

행성	반경 10^8cm	부피 10^{26}cm^3	질량 10^{27}g	밀도 g/cm^3	수정밀도[†] g/cm^3
수 성	2.44	0.61	0.33	5.42	5.4
금 성	6.05	9.3	4.9	5.25	4.3
지 구	6.38	10.9	6.0	5.52	4.3
화 성	3.40	1.6	0.64	3.94	3.7
목 성	71.90	15,560	1900	1.31	<1.3
토 성	60.20	9130	570	0.69	<0.7
천왕성	25.40	690	88	1.31	<1.3
해왕성	24.75	635	103	1.67	<1.7
명왕성	1.6	0.17	?	?	?

＊태양의 질량은 1.99×10^{33}g, 목성의 1000배.
† 자기 중력에 의한 수축이 없었을 때의 밀도.

표 3-3 | 행성의 물리표

이 방법은 수성과 금성에는 잘 적용된다. 그러나 너무 멀고 작은 명왕성에는 쓸모가 없다.

행성들의 질량에는 큰 폭이 있다(표 3-3). 목성과 토성은 정말로 거대행성이며 해왕성과 천왕성은 그것보다는 가볍지만, 태양에 가까운 나머지 네 개의 행성에 비하면 큰 질량이다. 다음이 지구와 금성인데 양쪽의 질량은 거의 같다. 화성과 수성은 질량이 가장 작다. 소행성대의 모든 천체의 질량은 모두 합해도 수성보다 훨씬 작다. 행성이 생기는 과정에서 이처럼 질량이 아주 다른 천체군이 생긴 것인데 이 차이와 태양까지의 거리 사이에 간단한 관계는 인정되지 않는다.

태양계의 성질 중에서 가장 설명이 어려운 것은 각운동량[3](角運動量)의 분포이다. 각운동량이라고 하는 것은 귀에 익지 않은 물리량이지만 그 크기는 행성을 궤도의 어딘가에 멈추게 하거나 느리지만 회전하고 있는 태양의 자전을 멈추게 할 수 있는 제동장치를 만들었다고 하면 제동을 걸 때 장치에 보태져야 하는 에너지에 해당한다. 태양은 질량에서 태양계의 99.9%를 차지하고 있는데도 각운동량은 2%를 차지하는 데 지나지 않는다. 태양계의 각운동량은 원시성운이 느리게 회전하고 있던 것이 근원이 된다. 성운이 수축해서 물질이 중심에 모였기 때문에 개개의 회전 속도는 커졌다. 피겨 스케이팅 선수가 뻗고 있던 팔과 다리를 오므리고 팽이처럼 도는 것과 같은 동작이다. 문제는 태양을 만든 물질이 갖고 있던 각운동량이 어떻게 해서 능률 있게 행성 쪽으로 옮겨 갔는가 하는 것이다. 역사적으로 봐도 이것은 태양계의 기원의 증거를 생각할 때 최대의 난관이 되어 왔다.

밀도는 화학조성을 나타내고 있다

행성의 질량을 부피로 나눈 비의 값에는 행성이 생긴 상황과 관계되는 깊은 뜻이 숨겨져 있다. 이 값은 행성을 만드는 물질의 평균밀도는 물론이고 그것에 그치지 않고 화학조성도 나타내고 있다고 말할 수 있다.

---

[3] 행성의 각운동량이란 질량과 궤도반경, 그리고 궤도의 운동속도 이 세 가지를 곱한 것이라고 정의한다.

물질	화학식	핵자수 (1원자당)	밀도 g/cm³	비*
물	H_2O	6.0	1.00	6.0
방해석	$CaCO_3$	20.0	2.72	7.4
석 영	SiO_2	20.0	2.65	7.5
석 고	$CaSO_4 2H_2O$	14.3	2.32	6.2
감람석	Mg_2SiO_4	18.3	3.20	5.7
적철석	Fe_2O_3	32.0	5.26	6.1
자철석	Fe_3O_4	33.1	5.18	6.4
다이아몬드	C	12.0	3.50	3.4
철	Fe	56	7.50	7.5
금	Au	197	17.10	11.6

＊핵자수/밀도. 1원자당 평균핵자수와 밀도가 완전히 비례하면 이 비는 일정하게 될
　것이다. 표 중 여덟은 비슷한 값(5.7~7.5)이다. 금과 다이아몬드는 치우침이 확
　실하다(약 2배).

표 3-4 | 물질의 밀도와 평균 핵자수

　이를테면 지구물질에 대해서 밀도와 화학조성과의 관계는 어떻게 되
고 있는 것일까? 실은 그 관계라고 하는 것은 여러 가지 원자가 질량은 각
각 다르더라도 크기에 있어서는 서로 아주 비슷하기 때문에 생성 관계라
해도 좋을 것이다.

　원자는 종류에는 그다지 관계없이 거의 정해진 크기(직경 1×10^{-8}㎝에
서 4×10^{-8}㎝)를 갖고 있다. 그것에 대해 질량에 있어서는 가벼운 것, 무거
운 것의 차이가 뚜렷하다. 차이가 생기는 이유는 원자핵 안의 입자(핵자)의
수에 차이가 있기 때문이다. 가장 가벼운 수소원자는 단지 한 개의 핵자로

되어 있고 무거운 우라늄은 238개의 핵자를 함유하고 있다. 그 결과로 무거운 원소를 성분으로 하는 물질일수록 밀도가 커진다. 물의 밀도는 $1cm^3$ 당 12g이다. 물의 분자 한 개는 수소원자(핵자수 1) 두 개와 산소원자(핵자수 16) 한 개가 결합해서 만들어진다. 분자 한 개를 만드는 원자수는 3, 핵자 총수는 18이기 때문에 평균해서 원자 한 개가 6개의 핵자를 갖게 된다.

광물인 펠리크레스(MgO)는 마그네슘원자(24핵자) 한 개에 대해 산소원자(16핵자) 한 개가 결합한 비율이다. 평균하면 원자 한 개당 20개의 핵자를 갖고 있다(물의 3.3배). 펠리크레스의 실제의 밀도는 $2.5g/cm^3$이다. 금속인 철은 원자 한 개당 핵자수는 56(물의 약 9배)개 있지만 실측 밀도는 $7.5g/cm^3$이다. 그 밖의 보기를 〈표 3-4〉에 열거했다. 물질의 밀도와 성분 원자 한 개당의 평균 핵자수와는 대체로 비례한다. 따라서 행성의 밀도에도 성분원자의 종류, 즉 화학조성이 반영된다.

행성에서 평균밀도는 행성의 질량의 영향을 받아 변하고 있기 때문에 사정은 약간 복잡하다. 질량이 큰 행성은 중력이 크다. 그 중력 때문에 생긴 압력에 의해 행성물질은 압축된다. 질량이 늘어나면 늘어날수록 중력도 압축도 세진다. 중력 때문에 평균 밀도가 커지는 것은 지구와 같은 비교적 작은 행성에서도 일어난다.

지구 심부(深部)의 압력에 맞먹는 고압 실험장치를 사용해, 문제가 되는 물질(암석이나 철)의 밀도가 압력에 따라 어떻게 변하는가 조사되고 있다. 그것에 의하면 지구형 행성 각각의 밀도가 중력 때문에 어느 정도 커지고 있는가 알 수 있다. 커진 것만큼 수정한 밀도의 값을 〈표 3-3〉에 나타냈다.

표에서는 대행성에 관한 수정은 하지 않았다. 중력이 매우 세기 때문에 수정량을 알 수 없다. 만약 수정이 생기면 〈표 3-3〉보다도 적은 값이 된다. 어쨌든 4대 행성은 지구형 행성에 비해 핵자수가 적은 원소로부터 생겨난다.

지구형과 목성형의 밀도의 큰 차이와 더불어 같은 형(型) 중에서도 차이가 나타난다. 지구형의 경우 중력 압축의 수정을 행한 뒤의 밀도는 수성이 최대이고 화성이 최소이다. 지구와 금성의 밀도는 거의 비슷하고 수성과 화성 사이에 있다.

중력 수정을 행한 밀도에서 행성을 만드는 원자가 평균으로 포함되어 있는 핵자수를 알 수 있는 것은 확실하다. 그러나 이것만으로도 여러 가지 원소를 조합해서 그런 평균 밀도를 만드는 방법은 얼마든지 있다. 어떤 조합이 옳은 것인지 아는 데는 정보가 부족하다. 생일날 선물을 손에 든 여자아이처럼 가져봐야 어느 정도 알 수 있다. 작아도 무거우면 멋진 책이거나 테이프 레코더이고, 큰 데 비해 가벼우면 블라우스나 스타킹이 많이 들어 있다고 생각할 것이다. 기발한 아이디어이지만 그것만으로 생각해 낼 수 있는 것은 여러 가지이다.

운석에 숨겨져 있는 길잡이

우주에서 지구에 떨어지는 운석은 지구형 행성의 화학조성을 알기 위한 가장 좋은 시료라고 할 수 있다. 지금 알려져 있는 운석의 대부분은 소행성끼리 충돌해서 생긴 조각이다. 그 일부분은 달의 표면에서 튀어나온 암석 조각(소행성대에서 온 큰 물체의 충돌 때문에)이며, 한두 개는 화성에서 날아온 조각(같은 경로를 밟아)이라고 생각되고 있다.

지구상에 암석이 얼마든지 있는데도 이런 어려운 것을 대상으로 하는 것은 지구가 화학조성이 서로 다른 층으로 나뉘어 표면의 물질은 행성 전체의 평균에서 치우친 조성으로 되어 있기 때문이다. 이를테면 지구의 평균 밀도는 중력수정을 해도 $1cm^3$당 4.3g이 있는 데 비해 표면 암석의 밀도는 겨우 2.6에서 3.0밖에 되지 않는다. 지구에 떨어지는 물체 쪽이 지구형 행성 전체를 만든 물질의 치우침이 적은 시료가 아닌가 하고 생각되기 때문이다.

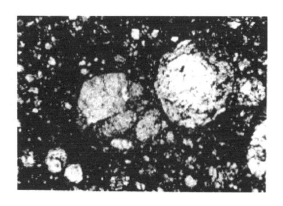

그림 3-1 | 콘드루르
브라운 필드 운석(H-3형)의 확대 사진.
콘드루르의 직경은 약 1mm(Carleton Moore, 애리조나대학)

수집된 운석 중에는 불덩어리가 되어 떨어지는 것을 목격한 것뿐 아니라 옛날에 낙하해서 지금 발견된 것이 많다. 운석의 보고(寶庫)는 남극대륙의 빙원(氷原)이다. 빙원 위에 풍식(風蝕)과 증발이 적설량을 상회하고 있는 장소가 있다. 갇혀 있던 운석은 얼음이 없어지면 표면으로 노출된다. 사막의 모래가 강풍에 날아가 버린 뒤 암편이 남는 것과 비슷하다. 1971년 이래 미국과 일본의 과학자들은 남극대륙에서 수천 개에 달하는 운석을 주어 모았다.

운석의 대부분은 석질(石質)물질로 구성되어 있다. 석질운석에는 콘드루르(구립: 球粒)라고 부르는 밀리미터 크기의 둥근 입자를 무수히 함유하고 있다. 콘드루르는 운석만의 특징으로 지구 표면을 만드는 암석에서는 전혀 볼 수 없다. 그 때문에 작은 알갱이인데도 눈길을 끌게 했다. 모든 사람이 콘드루르는 한 번은 녹은 적이 있는 알갱이라고 생각했다. 어떤 사람은 고온의 성운 가스가 식어 액상(液相)의 알갱이(액적: 液滴)을 만들었다고 하거나, 성장해 가는 소행성의 표면에서 충돌 때 떨어진 액적이라고 한다. 또 초기의 성운 속의 뇌방전(雷放電)에 의해 녹은 알갱이라고도 하는 사람도 있었다. 반대로 행성의 내부에서 이런 알갱이가 만들어진다고 하는 또 다른 메커니즘을 생각해낸 사람은 없다. 그렇다면 콘드루르를 함유하는 운석은 원시성운으로부터 직접 만들어진 것이 틀림없다. 행성 내부의 물질은 화학조성이 다른 층으로 분화(分化)할 때 녹은 것일테지만, 콘드루르를 함유하는 운석은 생기고 나서 결코 녹지 않았다. 따라서 우리가 찾고 있는 원시 물질에 관계되는 정보를 지금 전하고 있다고 볼 수 있다.

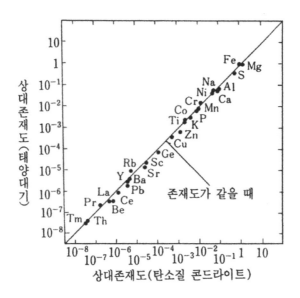

그림 3-2 | 태양대기와 탄소질 운석의 원소 상대존재도의 비교

여기에 든 원소에 관해서는, 탄소질 운석은 태양계 물질의 기울기가 없는 시료임을 알 수 있다. 규소는 비교의 기준(= 1)으로 사용하고 있기 때문에 이 그림에 나타나 있지 않다

콘드루르를 함유하는 운석(콘드라이트라 한다)은 여러 가지 다른 조건에서 생긴 알갱이가 모여서 만들어진다. 콘드루르 그 자체는 한 번은 녹아 액체가 된 것이기 때문에 고온(~1300도)에서 생겼음에 틀림없다. 탄소질 운석이라 부르는 보기 드문 종류의 운석에서는 콘드루르와 함께 100도 이상에서는 불안정하게 되어버리는 광물을 함유하고 있다. 그러면 이 운석은 저온의 환경에서 생겼다고 할 수 있다. 그 밖의 콘드라이트는 상당히 고온에서 만들어진 것이며, 저온에서만 안정된 여러 가지 물질은 어느

	원자총수의 비율(%)
마그네슘(Mg)	32
규소(Si)	33
철(Fe)	26
알루미늄(Al)	2.2
칼슘(Ca)	2.2
니켈(Ni)	1.6
나트륨(Na)	1.3
크롬(Cr)	0.40
칼륨(K)	0.25
망간(Mn)	0.20
인(P)	0.19
티탄(Ti)	0.12
코발트(Co)	0.10

표 3-5 | 콘드라이트 운석의 금속원소 존재도

것이나 쉽게 분해된다. 그때 휘발성 원소는 일부분 잃었을 것이다. 태양계
성운의 본래의 티끌 알갱이(塵粒)의 조성을 구하는 데는 탄소질 콘드라이
트 쪽에 초점을 맞춰야 한다.

탄소질 콘드라이트의 화학조성을 태양과 비교해 〈그림 3-2〉에 나타냈
다. 예를 든 원소는 휘발성이 중간 정도나 그보다 낮은 것에 한하고 있다.
양쪽의 존재도는 대단히 잘 일치한다. 이것은 한편으로 분광법(分光法)을
사용한 별의 화학분석에 자신을 더해주는 것으로서 한편으로는 탄소질 콘
드라이트야말로 적어도 휘발성이 크지 않은 원소에 대해서는 태양계에 치

우침이 없는 시료라고 하는 생각을 뒷받침하는 주장도 된다.

모든(탄소질 및 보통) 콘드라이트에 두드러지게 공통된 특징은 네 종류의 원소만이 눈에 띄게 많다는 것이다. 즉 산소, 마그네슘·규소·철 등이다. 〈표 3-5〉를 참고하자. 마그네슘·규소·철의 세 가지가 보통 콘드라이트에 함유되는 금속성 원소의 91%를 차지한다. 다음으로 많은 것은 알루미늄·칼슘·니켈·나트륨의 4원소이며 더 적지만 제3군은 또 다른 6원소가 있다.

소행성은 주로 이들 네 종류의 원소로 되어 있을 뿐이다. 운석의 화학 조성에서 소행성에 관해서 한 가지 더 알 수 있는 것은 철의 화학 상태에 대한 것이다. 대부분의 운석에서는 철은 산소와 결합해서 존재하는 것 외에 유리(遊離)된 금속철이나 황화철의 형태로서도 포함된다. 산화물이 된 철의 양과 금속(및 황화물), 철의 양의 비율은 콘드라이트 종류에 의해 크게 바뀌지만(그림 3-3) 철 전체의 존재도는 거의 일정하다[4](금속철이 감소하면 감소한 만큼 산화철이 증가한다).

콘드루트를 함유하고 있지 않은 운석도 있다. 에이콘드라이트('에이'는 결여의 뜻)라 부르고 있는 석질운석은 지구의 화암과 아주 비슷한 광물조성을 나타내며, 한 번 완전히 녹은 뒤 굳어져 생겼음을 알 수 있다.

금속질만으로 된 철운석도 있다. 잘라서 단면을 매끄럽게 닦으면 니켈이 풍부한 철의 합금과 니켈이 적은 철의 합금이 호층(互層)을 이루는 멋진 육면체 조직이 나타난다(그림 3-4). 금상학(金相學)에 의하면 이것은 철과 니

---

[4] 이것에는 예외가 있다. 하이파신 콘드라이트라는 종류는 다른 콘드라이트에 비해 철의 존재도가 작다.

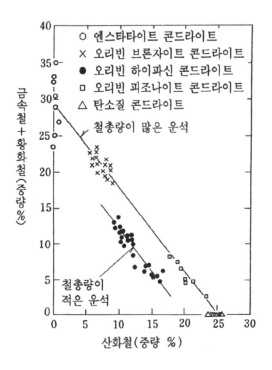

그림 3-3 | 콘드라이트 운석의 철의 화학 상태

운석에 포함되는 철이 모두 산화철이 되고 있는 탄소질 콘드라이트에서 모든 금속철(및 황화철)의 엔스타타이트 콘드라이트에 이르는 철의 상태의 차이를 나타낸다. 철의 총량은 어느 것이나 거의 같아진다. 단지 오리빈 하이파신 콘드라이트는 총량이 적다

켈의 합금이 매우 천천히 식어갈 때 나타나는 것이다. 실험실에서는 운석에서 볼 수 있는 것과 같은 큰 조직이 만들어질 만큼 철·니켈 합금을 천천히 식힐 수는 없다. 따라서 철운석을 우리가 알고 있는 철이라고 잘못 볼 우려는 없다. 금속상(金屬狀)의 자연철은 지구의 표면물질로서도 매우 드물다. 5장에서 이야기하겠지만, 지구의 철은 중심부에 가득 채워져 있다.

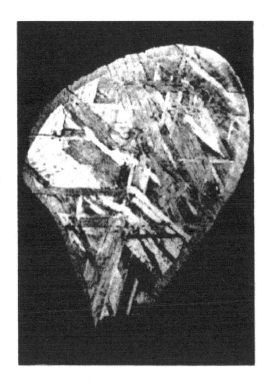

그림 3-4 │ 바그다드 운철의 닦인 단면

깨끗한 모양은 니켈이 풍부한 철합금과 니켈이 빈약한 철합금의 호층(互層). 초기의 연구자 이름을 따 비트만슈테텐 구조라고 한다. 상하의 직경은 10㎝(Carleton Moore, 애리조나대학)

하나의 운석이 철의 부분, 암석의 부분이거나 양쪽 모두 포함하고 있는 경우가 있는데, 그 석질의 부분에서는 콘드루르를 볼 수 없다. 요컨대 에이콘드라이트와 철운석은 콘드라이트로 되어 있는 소행성의 내부가 녹아서 생긴 물체라고 할 수 있다. 액체 상태의 철과 액체 상태의 규산염은 서로 녹지 않고는 섞이기 어렵기 때문에 콘드라이트질의 소행성이 용해하면 철과 규산염은 에이콘드라이트질의 맨틀(외부)과 철질(鐵質)의 핵(중심핵)으로 나누어질 것이다. 양쪽을 함께 함유하는 운석(석철운석)은 이 소행성의 맨틀과 핵과의 경계층에서 온 것이다.

지구형 행성과 운석의 조성 차이는 무엇을 말하나?

소행성이나 지구형 행성의 평균화학조성을 알기 위한 시료는 운석뿐이다. 운석의 분석으로 알았듯이 소행성이나 행성은 주로 규소·마그네슘·철·산소의 4원소로 된 석질물질과 주로 철로 된 금속물질이 서로 혼합된 조성을 이루고 있다. 그렇다면 평균밀도를 알아낼 수 있다면, 행성 중에 차지하는 이 두 성분의 비율을 추정할 수 있을 것이다. 행성에 따라 평균밀도에 얼마간의 폭이 생기고 있는 것은 암석과 금속의 비율이 확실히 다르기 때문이다라는 것이 유일하게 타당한 설명이라고 생각된다(그림 3-5). 화성은 주로 암석 물질로 되어 있고, 수성은 암석과 금속이 반반일 것이다. 지구와 금성은 화성과 수성의 사이에 있다.

지구에 대해서는 그 평균 화학조성을 산정할 수 있는 충분한 자료가 있다.[5] 〈표 3-6〉에서 볼 수 있듯이 규소를 100으로 했을 때 철이 풍부한

---

[5] 화학분석할 수 있는 직접적인 시료는 지구의 내부에서 아직 얻을 수 없으나 전체로서 본 철·규소·마그네슘·산소의 비율은 교묘한 추측에 의해 지질학적으로 구하고 있다.

	SiO₂, MgO, FeO 및 금속철의 질량의 비율*	상대존재도 (원자수)				상대존재도 (질량)				철 중의 산화철의 비율
		Si	Mg	Fe	O'	Si	Mg	Fe	O'	
오리빈 하이퍼신 콘드라이트	.92	100	92	60	325	100	80	119	185	.55
		철이 빈약한(L-) 콘드라이트								
탄소질 콘드라이트	.78	100	104	84	380	100	90	167	216	.90
		철이 풍부한(H-) 콘드라이트								
오리빈 피조나이트 콘드라이트	.92	100	101	78	357	100	87	155	203	.72
오리빈 브론자이트 콘드라이트	.91	100	96	79	340	100	83	157	194	.56
엔스타타이트 콘드라이트	.92	100	84	82	285	100	73	163	162	.01
지구 전체	.94	100	131	126	359	100	114	250	199	.11

* 운석에 포함된 FeS는 금속철에 포함시킨다.

† 규소·마그네슘·철 이외의 금속과 결합한 산소는 생각하고 있지 않다.

표 3-6 | 운석 및 지구 전체의 화학조성의 비교

4종류의 H-콘드라이트와 사이에서 산화철을 만들고 있는 철의 비율은 큰 차이가 있지만 주된 성분 금속(Si·Mg·Fe)의 존재도의 비율은 변하지 않는다. 지구는 운석에 비해 Mg·Fe의 비율이 많다

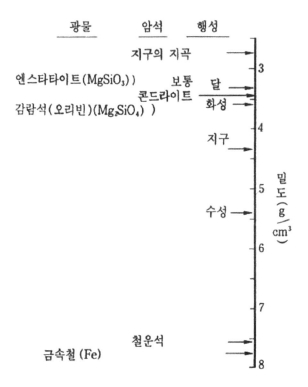

광물　　　　암석　　　행성

지구의 지곡

엔스타이트($MgSiO_3$)

보통
콘드라이트　달

감람석(오리빈)(Mg_2SiO_4)

화성

지구

수성

밀도(g/cm^3)

철운석

금속철 (Fe)

그림 3-5 | 여러 가지 광물, 암석, 행성의 평균 밀도

행성의 밀도는 중력 수정을 가하고 있다. 행성에 따라서 밀도가 다른 이유는 일부분은 철/(철 + 규소)의 비의 차이, 일부분은 철/산화철의 비의 차이에 기초하고 있다

콘드라이트에서나 철이 빈약한 콘드라이트에서 철, 마그네슘의 양은 모두 규소보다 더 많다. 화성이나 수성은 아직 거기까지 말할 수 있을 만큼의 자료가 없다. 금성은 지구와 닮은 것이 많기 때문에 화학조성도 아마 지구에 가까울 것이다.

기체와 고체의 대규모 분리

겨우 네 개의 원소만이 지구형 행성이나 소행성의 조성 대부분을 차지하고 있다고 하는 것은 어쩌면 기묘하게 생각될지 모르지만, 태양에서 볼 수 있는 여러 가지 원소의 존재도와 화학적인 성질을 비교해 보면 그것은 오히려 당연한 사실임을 알 수 있다. 소형의 행성군과 태양 그 자체와의 조성의 차이는 기체와 고체와의 분리를 생각해야만 이해할 수 있다. 기체 물질을 만드는 경향이 센 원소는 태양에서 흘러나온 이온성 가스의 힘처럼 성운에서 휘날려가서 먼지와 얼음을 만든 원소만이 남아 행성의 근본이 된 것이다. 고체의 분리야말로 행성이 생길 수 있는 기본이다. 이온의 흐름은 메마른 평원에 불어대는 폭풍에 비유해도 좋다. 미세한 가벼운 모래는 날아가고 암석 조각은 무거워서 그 자리에 남는다. 마찬가지로 원시 태양의 주위를 원판 상태로 둘러싸고 있던 물질 중에서 기체분자는 순식간에 운반되고 먼지 알갱이는 이온의 충돌에는 너무 무겁기 때문에 남게 된다.

원자번호 1에서 28까지 원소의 태양존재도를 하나씩 조사하면서 네 원소가 우위를 차지하는 것을 눈여겨보자(표 3-7). 첫째는 수소이다. 행성을 만들기 전의 기체와 먼지구름 중에서 수소는 기체분자(H_2)가 되고 또 일부분은 탄소, 질소, 산소와 결합해서 기체의 화합물(메탄 CH_4, 암모니아 NH_3, 물 H_2O)을 만들면서 존재한다. 지구나 지구형 행성에서는 그것들의 극히 일부분을 취한 것에 불과하고 그 밖의 것은 모두 잃어버렸다.

원자 번호	원소명	화합물 고체	기체	태양의 상대존재도*	운명†	콘드라이트의 상대존재도*
1	수소		N_2	40,000,000,000	(1)	―
2	헬륨		He	3,000,000,000	(1)	trace
3	리튬	Li_2O		60	(3)	50
4	베릴륨	BeO		1	(3)	1
5	붕소	B_2O_3		43	(2)	6
6	탄소		CH_4	15,000,000	(1)	2,000
7	질소		NH_3	4,900,000	(1)	50,000
8	산소		H_2O**	18,000,000	(2)	3,700,000
9	플루오르		HF	2,800	(1)	700
10	네온		Ne	7,600,000	(1)	trace
11	나트륨	Na_2O		67,000	(2)	46,000
12	마그네슘	MgO		1,200,000	(3)	940,000
13	알루미늄	Al_2O_3		100,000	(3)	60,000
14	규소	SiO_2		1,000,000	(3)	1,000,000
15	인	P_2O_5		15,000	(3)	13,000
16	황	FeS	H_2S	580,000	(2)	110,000
17	염소		HCl	8,900	(1)	700
18	아르곤		Ar	150,000	(1)	trace
19	칼륨	K_2O		4,400	(2)	3,500
20	칼슘	CaO		73,000	(3)	49,000
21	스칸듐	Sc_2O_3		41	(3)	30
22	티탄	TiO_2		3,200	(3)	2,600
23	바나듐	VO_2		310	(3)	200
24	크롬	CrO_2		15,000	(3)	13,000
25	망간	MnO		11,000	(3)	9,300
26	철	FeO, FeS, Fe		1,000,000	(3)	690,000
27	코발트	CoO		2,700	(3)	2,200
28	니켈	NiO		58,000	(3)	49,000

＊규소원자 1,000,000개에 대한 수.
†(1) 높은 휘발성, 대부분 없어진다.
 (2) 중간 휘발성, 일부 얻어진다.
 (3) 낮은 휘발성, 거의 얻어진다.
＊＊및 금속산화물

표 3-7 | 최초의 28원소의 상대존재도
지구형 행성이 생긴 환경에서의 화합 형식도 나타냈다

헬륨은 언제나 기체로 존재하며 희유기체의 특징으로서 화합물을 만들지 않는다. 따라서 사실상 모두 잃어버렸다. 현재 지구의 대기나 내부에서 나오는 기체에 미량 포함되는 것은 처음부터 있었던 것이 아니고 우라늄·토륨 등 방사성 원소의 붕괴에 수반하여 지구 안에서 만들어진 것이다(7장에서 말한다). 다음으로 리튬, 베릴륨, 붕소 등의 세 원소는 별의 원소 합성 때 조금밖에 생기지 않는다. 고체를 만드는 원소이지만, 예를 들면 마그네슘, 규소, 철에 비해 처음부터 존재도가 작고 이렇다 할 정도로 행성의 성분이라고 할 양이 되지 못한다.

탄소와 질소는 다량의 수소가 있었던 원시성운 동안에 메탄, 암모니아를 만들고 있었을 것이다. 이들도 기체이기 때문에 대부분은 없어졌다.

다음으로, 산소는 수소와도 결합하지만 금속원소와도 그것 이상으로 강하게 결합한다. 그런데 원시성운의 산소원자는 금속원자 전체에 비해 5배 정도 낳았다. 때문에 상대에 가장 어울리는 금속과 결합하는 것은 20%뿐 나머지는 두 번째 상대의 수소와 결합할 수밖에 없다. 만들어진 물분자는 대부분 없어지고 금속원자의 상대를 맡은 산소만이 고상(固相)으로 둘러싸였다.

산소에 이어 염소·불소·네온으로 이어진다. 불소는 수소와 결합하는 힘이 강해서 불화수소(HF)를 만든다. 행성이 생성되는 환경에서는 이것은 기체로 존재한다. 네온은 헬륨과 동류이기 때문에 화합물을 만들지 않는다. 따라서 어느 쪽이나 거의 다 날아가 버린다.

이것으로 처음 열 개의 원소는 끝났지만, 그중 여섯 가지(수소·헬륨·탄소·

산소(8양성자)	^{16}O	^{17}O	^{18}O	
	99.76%	0.04%	0.20%	
마그네슘(12양성자)	^{24}Mg	^{25}Mg	^{26}Mg	
	78.99%	10.00%	11.01%	
규소(14양성자)	^{28}Si	^{29}Si	^{30}Si	
	92.23%	4.67%	3.10%	
철(26양성자)	^{54}Fe	^{56}Fe	^{57}Fe	^{58}Fe
	5.8%	91.8%	2.1%	0.3%

표 3-8 | 행성을 만드는 4대원소의 동위원소 조성*

4대원소 중 세 가지 주된 동위원소가 알파입자형인 것에 주의해야 한다(^{16}O는 4배, ^{24}Mg는 6배, ^{28}Si는 7배), ^{16}O, ^{24}Mg, ^{28}Si, ^{56}Fe만으로 지구형 행성 질량의 85%가 된다

질소·불소·네온)는 기체로 되어 거의 없어지고 세 가지(리튬·베릴륨·붕소)는 처음부터 존재도가 작다. 존재도 크고 고상을 이루는 데 촉진하는 힘이 충분히 있는 산소만이 지구형 행성의 주체가 된다.

표에서 다음으로 줄지어 있는 다섯 개의 원소는 모두 금속으로서 산소와 결합한다. 그중 네 개(마그네슘·알루미늄·규소·인)는 높은 비율의 고상으로 남게 되고, 다섯 번째(나트륨)는 어느 정도 휘발성이기 때문에 일부분은 없어진다.

---

* 원소의 존재도는 태양스펙트럼의 흡수선을 조사해 구한다. 많은 원소가 여러 개의 동위원소를 가지기 때문에, 개개의 동위원소 존재도를 아는 데는 자세한 조사가 필요하다. 그것은 운석이나 지구 암석을 재면 좋다. 지구 암석의 화학조성은 태양과 큰 격차가 있지만, 각 원소의 동위원소 조성에 관한 차이는 없다. 동위원소는 화학조성이 거의 같기 때문이다. 따라서 일반적으로 원소의 동위원소 조성은 지구나 운석의 시료를 분석해서 구한다.

〈표 3-8〉에서와 같이 규소와 마그네슘에는 4배수의 핵자를 가지는 동위원소(^{24}Mg, ^{28}Si)가 있다. 알파입자형이라고도 하는 이 종류의 핵종은 어떤 핵종보다도 별 가운데서 합성된 양이 많고 존재도가 크다. 알파입자형이 아닌 나트륨, 알루미늄, 인에 비해 풍부해진 이유이다.

다음으로, 황은 산소와 비슷하다. 수소와 결합해서 기체인 황화수소(H_2S)를 만드는 한편 철과 결합해서 고체인 황화철(FeS)을 만든다. 운석에 대한 연구에 의하면 처음에는 상당한 비율의 황(황화철의 형태로)이 있었음이 밝혀졌다.

다음의 두 원소 염소와 아르곤은 기체이기 때문에 거의 없어진다. 염소는 염화수소(HCl)인 기체를 만들고 아르곤은 헬륨, 네온처럼 화학결합을 하지 않는 희유기체이다.

다음으로 금속성이 강한 두 원소 칼륨, 칼슘이 있다. 칼슘의 산화물은 휘발성이 매우 낮다. 칼륨은 나트륨과 비슷해 약간 휘발성이 있고 휘발성이 낮은 금속과 같은 정도로는 얻을 수 없고, 존재도도 작지만, 지구를 연구하는 데 귀중한 자료를 제공한다. 동위원소 칼륨 40은 방사성이며 지각(地殼)의 매우 중요한 성분이기도 하다.

이상 두 번째의 10원소를 살펴보았다. 다섯 가지(마그네슘·알루미늄·규소·인·칼슘)가 대부분이고 세 가지(나트륨·칼륨·황)는 일부분을 차지하고 두 가지(염소·아르곤)는 거의 없어졌다.

칼슘에서 철까지의 사이에는 기본이 되는 존재도에 분명히 골이 있다. 이 범위의 원소는 대개 휘발성이 낮은 금속이지만 규소나 마그네슘에 필적할 정도로 양이 많지는 않다.

철은 별의 원자로의 최종 생성물이므로 가까이에 있는 원소 중에서도 두드러지게 존재도가 크다. 또한 내세울 만한 휘발성 철화합물도 없다. 존재도에서는 마그네슘이나 규소와 같기 때문에 지구형 행성의 '4대' 원소의 하나가 된 것이다.

철보다 앞에 있는 원소의 존재도는 양성자수가 많아짐에 따라 갑자기 작아진다. 단 니켈만은 예외로서 존재도가 커 중요하다. 〈표 3-7〉의 맨 오른쪽 줄에서 보듯이 알루미늄·칼슘·나트륨과 나란히 두 번째로 많은 원소군을 만든다.

이렇게 해서 핵물리학(원소의 상대우주존재도를 정한다)과 무기화학(태양계 성운에 있어서 원소의 화학상태를 정한다)을 합해서 생각하면 지구 등의 암석 행성은 본래 산소·마그네슘·규소·철의 4원소로 되어 있으리라고 추측할 수 있다. 마그네슘과 규소와 철과의 양의 비율이 행성마다 다른 이유는 무엇일까 하는 의문은 남는다. 행성이 만들어질 때 물질이 고온으로 되는 단계가 있어 마그네슘·규소·철마저 적어도 그 일부분은 휘발성 물질을 만들어 다른 기체와 함께 성운에서 잃어버렸다고밖에 생각할 수 없다. 일부분만 잃어버렸으므로 분리는 원소마다 따로따로 일어났다. 행성 서로 간의 화학적인 차이를 보면, 이 분리는 원시성운의 장소마다 달랐을 것이다.

칼륨 대 우라늄의 비는 휘발성 물질의 보유 척도

지구형 행성들의 밀도가 서로 같아지지 않았던 것은 어떤 원소는 기체 물질을 만들기 때문에 잃어버리고 어떤 원소는 먼지 입자를 만들기 때문에 남는다고 간단히 결론지을 수 없는 복잡한 상황이 있기 때문이다. 7장에서 설명하겠지만, 지구형 행성은 주로 기체화합물밖에 만들지 않는 원소를 소량이나마 갖고 있다. 성운의 어떤 장소에서도 연대에 따라서, 또한 같은 연대라도 태양에서의 거리에 따라서 온도는 달라지기 때문에 개개의 휘발성 원소가 붙잡히기 쉬운 것도 그것에 따라서 달라진다.

행성에 따라 휘발성 물질을 얻는 효율이 어느 정도 다른가 조사하려면 칼륨과 우라늄의 비를 눈여겨보는 것이 바람직하다. 왜냐하면 우선 칼륨화합물은 우라늄화합물에 비해 휘발성이 훨씬 높고 포획하기 어렵다. 그

행성	칼륨/우라늄 비
콘드라이트 운석	70,000
지구	10,000
금성	≃12,000
화성	≃ 3,000

표 3-9 | 태양계 4영역의 칼륨/우라늄의 비
중위(中位)의 휘발성 원소인 칼륨의 양은 저휘발성인 우라늄에 비해 원시성운의 장소에 의한 차이가 크다

런데 나중에 행성이 녹아 화학적인 층으로 분리될 때, 양 원소는 아주 비슷한 과정을 밟았다. 그것은 지구 표면에서 볼 수 있는 다종다양한 화산암이 칼륨 대 우라늄의 농도비에서는 거의 같은 값을 갖고 있는 데서도 엿볼 수 있다. 따라서 지구 안에서 표본을 직접 채취할 수는 없어도 지구 전체의 칼륨 대 우라늄 비의 평균치는 지표의 암석에서 구한 값과 같다고 생각해도 좋다. 그 값은 〈표 3-9〉에 나타나듯이 콘드라이트 운석의 7분의 1(거구 쪽이 칼륨이 빈약하다)이다.

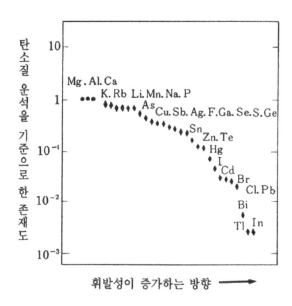

그림 3-6 | 보통 콘드라이트 중 휘발성 원소의 감소

탄소질 운석을 기준으로 한 보통 콘드라이트 중의 각 원소의 농도의 비를 나타냈다. 원소의 휘발성은 큰 폭이 있고, 휘발성 높을수록 열에 의해 잃어버린 비율이 크다[A.E.Ringwood, Origin of the Earth and moon(1979)에 의한다]

칼륨과 우라늄에는 수명이 긴 방사성 동위원소가 있는데 어느 쪽이나 감마선을 방사한다. 감마선은 암석의 바깥까지 나오는 강한 전자파이기 때문에 행성의 표면에 측정기를 내려 측정할 수 있다. 이는 표본 채취를 할 수 없는 행성에 대한 화학 분석을 하는 데 크게 이바지한다. 화성 및 금성에 착륙한 무인 탐사기에서 감마선의 계측으로 얻은 표층암(表層岩)의 칼륨 대 우라늄 비의 값이 전파로 송신되었다. 지구에서와 같은 그들의 비는 행성 전체의 것이라 할 수 있지만 값은 행성마다 다르다(표 3-9). 화성은 콘드라이트의 20분의 1에 불과하고 반대로 금성에서는 6분의 1이 남아 있다. 즉 화성을 만든 원료 물질은 가장 강하게 뜨거워진 것으로 생각된다. 지구와 금성은 중간 정도 세기의 열의 시기를 거쳤으며, 콘드라이트 운석의 모물질은 열을 받은 정도가 가장 적다.

탄소질 콘드라이트를 기준으로 했을 때 보통 콘드라이트는 칼륨 함유량에서는 얼마 안 되는 차이가 있을 뿐이다. 그에 반하여 칼륨보다 휘발성이 높은 원소에서는 그 차이가 매우 크게 나타나는 것도 있다(그림 3-6). 그와 마찬가지로 행성의 경우에도 칼륨 이상으로 휘발성이 높은 원소에서는 행성 간의 차이가 커야만 한다. 여기에는 행성의 생명을 이어나가게 하는 힘에 영향을 끼치는 가장 중요한 인자가 담겨 있다. 나중에(8장) 알 수 있듯이, 어떤 생물에서도 그렇지만 특히 기술 문명을 만들어 내려고 하는 생명체에 있어서는 특정의 휘발성 원소가 알맞은 양과 적당한 모양으로 행성 표면에 포함되어 있어야만 한다.

거대 행성

처음 언급했듯이 대행성은 중력 때문에 물질이 압축되어 있는데 밀도
는 지구형 행성에 비해 엄청나게 작다. 그러한 밀도를 갖는 것은 행성이
대량의 수소로 만들어져 있기 때문이다. 수소를 간직하는 한 가지 방법은
환경 온도가 낮고 메탄이나 암모니아 · 물 · 황화수소 등의 기체가 결빙되
어 있어야 한다. 필요로 하는 낮은 온도는 〈표 3-10〉을 참고하기 바란다.

헬륨과 수소는 절대영도 가까이에서만 응축하지 않는 영구기체이지
만, 그래도 행성을 둘러싸는 다른 방법이 있다. 성운 안에 아직 수소 · 헬
륨이 다량 있는 동안에 행성에 먼지 알갱이가 내려 쌓여서 충분히 커지면,

화합물	성분원자 1개 당 핵자수	고체밀도 g/cm³	고체의 융점 ℃
얼음			
메탄(CH_4)	3.2	0.4	−184
암모니아(NH_3)	4.2	0.7	−78
물(H_2O)	6.0	1.0	0
산화물			
규소산(SiO_2)	20	2.7	1710
감람석(Mg_2SiO_4)	20	3.2	1200
금 속			
철(Fe)	56	7.9	1540

표 3-10 | 행성을 만드는 고체의 밀도와 융점

표 3-11 | 태양계 전체의 대개의 화학조성

천체	전질량 단위 10^{27}g	금속† Fe, Ni,...		산화물† SiO_2, MgO, FeO,...		얼음† H_2O, CH_4, NH_3, H_2S,...		가스† H_2+He	
		%	질량 단위 10^{27}g	%	질량 단위 10^{27}g	%	질량 단위 10^{27}g	%	질량 단위 10^{27}g
태양	1,990,000	0.1	—	0.2	—	1.2	—	98.5	—
수성	0.33	50	0.16	50	0.17	—	—	—	—
금성	4.87	30	1.46	69	3.36	≃1	≃0.05*	—	—
지구	5.97	29	1.73	69	4.12	≃2	≃0.12*	—	—
화성	0.64	10	0.06	90		—	—	—	—
소행성	0.0002	15	0.00003	85	0.00017	—	—	—	—
목성	1,900	≃4	≃80	≃9	≃170	≃5	≃100	≃82	≃1550
토성	570	≃7	≃40	≃14	≃80	≃12	≃70	≃67	≃380
천왕성	88	≃8	≃7	≃17	≃15	≃60	≃53	≃15	≃13
해왕성	103	≃6	≃6	≃14	≃14	≃70	73	≃10	≃10

† 행성에는 고체의 형태로 모였다고 보여진다. 태양에서는 고온이기 때문에 어느 것이나 모두 가스이다.

* 무언가 얼음과는 다른 형태로 모였을 것이다.

태양의 질량은 행성 전체의 770배나 되는 점에 주의하자. 행성이 만들어졌을 때 목성에서 다른 영역에서는 온도가 낮았기 때문에 규산염이나 철과 함께 방물질을 거두어들여 질량이 충분히 커지고, 응고하지 않는 영구가스인 수소 헬륨까지 끌어들여 거대한 대행성이 생겼다

기체를 중력에 의한 힘만으로도(태양처럼) 모이게 한다. 목성과 토성의 낮은 밀도는 수소와 헬륨이 주성분이기에 이해할 수 있다. 이 두 행성은 원시성운의 기체 성분을 태양과 서로 다투어 빼앗았을 것이다. 목성은 잘도 떠돌아다녀 핵의 불이 거의 켜질 정도의 크기에 달한다. 조금 더 컸다면 태양은 연성계(連星系, 서로 해후하는 항성의 쌍)를 만들었을 것이다. 연성은 은하계에서 많이 볼 수 있다.

장의 끝머리

행성계의 질서는 행성이 원시 태양을 둘러싸는 원판으로 이루어져 있었음을 말하고 있다. 행성의 화학조성을 조사해 가면 원판의 내역(內域)은 높은 온도가 되어 1000°C나 그 이상에서도 증발하지 않는 물질을 만드는 원소만으로 응집되어 모든 고체를 만들었음을 알 수 있다. 그것에 대해서 원판의 외역(外域)은 온도가 낮아서 0°C 이하에서 비로소 고체화될 수 있는 물질로 응집되었다.

태양의 느린 자전은 성운이 처음에 갖고 있었던 각운동량의 거의 대부분을 행성물질 쪽이 '받아들이는' 어떠한 과정이 일어났음을 나타내고 있다. 이것은 중요한 사항이지만 원시성운에서 아홉 개 행성이 만들어지기 위해 생각할 수 있는 여러 가지 길잡이로서 어느 것이 올바른가를 정하는 데는 힘에 겨운 것이다.

은하계의 이곳저곳에서 새롭게 수많은 별이 생겨나고 있다. 항성을 둘러싸는 행성계가 관측되면 가장 확실한 사실을 알 수 있지만 지금으로서는 행성 그 자체의 탄생이 관측된 적은 없다. 어떤 행성도 태양계 바깥에서는 전혀 볼 수가 없으며 가까이에 있는 별에서도 확인되지 않는다. 있을 법한 일이지만 깊은 어둠에 가려져 있다. 인공위성에 실린 무언가의 신형 탐지기가 미지의 세계를 열어줄 것인가?

4장

행성은 언제 만들어졌는가?

운석의 연대학

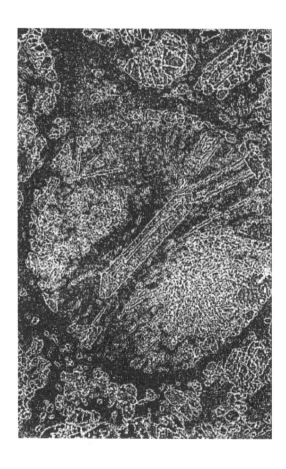

장의 첫머리

행성의 생성 과정을 확실히는 알지 못하지만 만들어진 시기와 완성까지에 필요했던 시간의 상한(上限)은 매우 정확하게 산출할 수 있다. 운석에 함유되어 있는 반감기와 긴 방사성 원소 및 딸원소[娘元素]의 존재도가 그 자료이다. 방사성을 띤 친동위원소가 조금씩 안정된 딸동위원소로 변해가는 것은 모래가 모래시계에서 흘러나오는 것과 비슷하다. 지구화학 분야에서는 노력 끝에 천연의 모래시계를 정밀하게 읽어내는 방법을 터득했다. 이를테면 운석을 만들고 있는 물질은 45.6억 년 전 옛날에 고화했음이 판명되었다.

이것을 알아낸 방법은 이 장에서 상세히 설명한다. 여기에서는 45.6억 년 전 옛날이라는 것이 우주의 역사 중에서 어떤 때에 해당하는가 살펴보자. 1장에서 말했듯이 적방편이와 성운의 거리와의 관계에 의하면 우주의 시작 대폭발은 150억 년 전에 일어났다. 그러고 나서 100억 년이 지났을 때, 태양과 행성을 만든 먼지와 가스의 구름이 응집하기 시작했다. 100억 년이라는 시간은 은하가 형성되어 현재의 태양에 포함되어 있는 여러 종류의 원소를 합성한 무수한 적색 거성이 생기기에 충분한 시간이었다고 할 수 있다.

자연계에 존재하는 방사성 핵종 중에서 반감기 1억 년에서 1조 년에 이르는 것을 〈표 4-1〉에서 열거했다. 이것은 별 안에서 중성자 조사(照射)를 받아서 생긴 것이며, 안정된 중성자와 양성자의 조합이 되기까지 붕괴해 갈 운명에 있다. 반감기가 길기 때문에 은하계로 내팽개쳐진 뒤에도 별 가운데에 수십억 년 동안은 살아남는다. 그런 동위원소가 시계의 역할을 다하는 것이다.

방사성 핵종	반감기 (단위 : 10억 년)	안정 딸핵종
^{40}K	1.28	^{40}Ca와 ^{40}Ar
^{87}Rb	49	^{87}Sr
^{138}La	110	^{138}Ce와 ^{138}Ba
^{147}Sm	110	^{143}Nd
^{176}Lu	29	^{176}Hf
^{187}Re	50	^{187}Os
^{232}Th	14	^{208}Pb
^{235}U	0.72	^{207}Pb
^{238}U	4.47	^{206}Pb

표 4-1 | 운석에 함유되어 있는 방사성핵종*

원시성운에 기원이 있는 것

---

* 그 밖에도 방사성 동위원소는 다수 있지만, 반감기가 너무 길어서 지질 연대학에는 사용하지 않는다. 실용상 안정된 깃으로 해도 좋다.

운석의 탄생일을 살피다

태양계의 연령은 콘드라이트 운석을 만들고 있는 광물이 고화한 때라고 생각해도 좋다. 3장에서 말했듯이 콘드라이트 운석은 행성 탄생극의 처음 무대에 등장했다. 지구에서 현재 채취되는 물질은 어느 것이나 지구가 형성된 후 한 번 또는 여러 번 녹고 나서 고화하는 과정을 되풀이했다. 그때마다 방사능 시계는 뒤집혀 그보다 오래된 태양계의 연령의 기록은 전하지는 못한다. 콘드라이트 운석은 콘드루르가 만들어진 후 녹지 않았으므로 시계로 사용할 수 있는 것이다.

운석의 연령은 방사성 루비듐 87(^{87}Rb)과 딸물질인 스트론튬 87(^{87}Sr)과의 존재도를 조사함으로써 가장 정확히 추정된다. 모래시계라면 ^{87}Rb 원자는 잘록한 부분 위에 남아 있는 모래이고 ^{87}Sr은 아래에 쌓인 모래이다. 모래시계로서 경과된 시간을 조사하는 것은 쉬운 일이다. 처음에 아래쪽 모래가 없었던 것만 확실하면 된다. 진짜 모래시계의 경우는 두말할 나위 없이 잘록한 부분 위에 있다. 모래가 흘러내리고 있는 사이라도, 흘러내리는 알갱이의 비율과 아래에 쌓인 모래의 양을 재서, 누구에게 가르침을 받지 않아도 처음의 시각을 알 수 있다.

운석에 이와 같은 시도를 하면 된다. 시료 중에서 ^{87}Rb이 붕괴해가는 비율과 새로 생긴 ^{87}Sr의 값을 조사하면 운석이 고화된 후의 시간을 알 수 있다.

그런데 아쉽게도 운석은 이상적인 모래시계와는 다르다. 운석에 함유

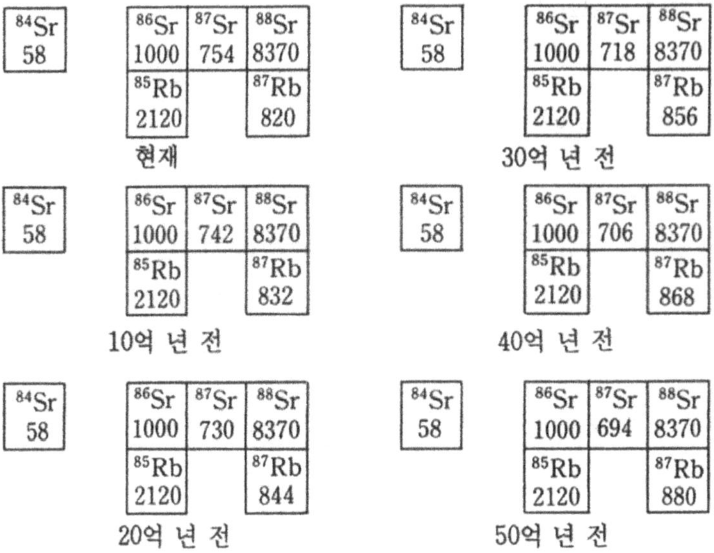

^{84}Sr 58 ^{86}Sr 1000 | ^{87}Sr 754 | ^{88}Sr 8370 / ^{85}Rb 2120 | ^{87}Rb 820
현재

^{84}Sr 58 ^{86}Sr 1000 | ^{87}Sr 718 | ^{88}Sr 8370 / ^{85}Rb 2120 | ^{87}Rb 856
30억 년 전

^{84}Sr 58 ^{86}Sr 1000 | ^{87}Sr 742 | ^{88}Sr 8370 / ^{85}Rb 2120 | ^{87}Rb 832
10억 년 전

^{84}Sr 58 ^{86}Sr 1000 | ^{87}Sr 706 | ^{88}Sr 8370 / ^{85}Rb 2120 | ^{87}Rb 868
40억 년 전

^{84}Sr 58 ^{86}Sr 1000 | ^{87}Sr 730 | ^{88}Sr 8370 / ^{85}Rb 2120 | ^{87}Rb 844
20억 년 전

^{84}Sr 58 ^{86}Sr 1000 | ^{87}Sr 694 | ^{88}Sr 8370 / ^{85}Rb 2120 | ^{87}Rb 880
50억 년 전

그림 4-1 | 콘드라이트 운석 중의 스트론튬, 루비듐의 동위원소 조성의 변화

현재에서 거슬러 올라가 10억 년마다 6단계의 각 연대에 존재한 스트론튬, 루비듐 동위원소의 수(^{86}Sr을 1,000으로 한다)를 나타낸다. 왼쪽 위는 현재의 콘드라이트 운석의 경우 과거의 ^{87}Rb, ^{87}Sr의 수는 ^{87}Rb의 붕괴(반감기 490억 년)를 생각해 구해졌다. 그 밖의 동위원소수는 변하지 않는다. 방사성 붕괴로 늘어나는 ^{87}Sr의 비율은 100억 년당 15%이다. 나머지는 운석이 만들어진 당초부터 있었던 것이다

되어 있는 ^{87}Sr 중 운석 내에서 ^{87}Rb이 붕괴해서 생긴 것은 일부에 지나지 않으며, 나머지는 처음부터 있었던 것이다. 별 중에는 ^{87}Sr이 직접 합성되거나, ^{87}Rb이 합성된 후 운석에 잡혀 들어가기까지 붕괴해서 생긴 것도 있다. 시계를 올바로 읽기 위해서는 처음부터 있었던 것(공통 ^{87}Sr이라 한다)과 운석 중에서 ^{87}Rb이 붕괴해서 생긴 것(방사성 기원 ^{87}Sr)을 나눠야 한다. 이것

이 까다로운 일이다.

　상황을 확실히 하기 위해 콘드라이트 시료에 포함되는 원소 Rb, Sr
의 동위원소 전부의 상대적인 존재도를 〈그림 4-1〉에 도시했다. 존재도
를 간단히 하기 위해 원자 1,000개에 대한 수를 기준으로 한다(즉 운석 중의
1,000개의 ^{86}Sr에 대해 8370개의 ^{88}Sr, 820개의 ^{87}Rb 등).

　과거에는 ^{87}Rb(방사성)은 훨씬 많았고 생성물인 ^{87}Sr은 그만큼 적었을
것이다. 붕괴한 양을 보기 위해 〈그림 4-1〉에는 현재의 값이 외에 10, 20,
……50억 년 전의 동위원소 조성도 나타냈다. 방사성 동위원소도 아니
고 그 딸동위원소도 아닌 ^{84}Sr, ^{88}Sr, ^{85}Rb의 수는 변하지 않는 것에 대해서
^{87}Rb 원자는 일단 거슬러 올라갈 적마다 12개씩 많아지고, ^{87}Sr은 그만큼
적어진다.

　운석이 50억 년 전 옛날에도 존재하고 있었다고 하면 1,000개의 ^{86}Sr
에 대해 ^{87}Rb은 880개(820+5×12), ^{87}Sr은 694개 (754-5×12) 있었을 것이
다. 즉, 50억 년 걸려도 붕괴에 의해서 생긴 것은 ^{87}Sr원자의 8%뿐이며, 대
부분의 ^{87}Sr은 '공통'인 것이다. 모래의 대부분은 처음부터 모래시계의 아
래쪽에 있었다. '방사성 기원'(放射性起原)만을 나누는 것이 매우 중요하지
만, 다행히 정밀한 식별방법이 있다.

　^{87}Sr의 공통 성분과 방사성 기원 성분을 나누는 방법의 열쇠라고 하는
것은 하나의 운석 중에 있는 Rb원자와 Sr원자를 서로 다른 농도로 함유하
고 있는 몇 종의 광물을 조사해 보는 것이다. 어느 쪽의 원소나 운석에서
의 농도는 극히 낮기(평균해서 무게로 Sr은 10ppm, Rb은 3ppm) 때문에 그 자

신의 광물은 만들지 못하고 다른 원소가 만드는 광물 안에 미량의 불순물로 들어 있게 된다. 소라게가 모양새가 비슷한 조개에 몸을 감추듯이, 많은 양의 원소가 만들어진 광물 안에 숨어 있다.

Rb과 Sr은 다른 원자에 대한 친화성이 다르다. 즉 빛깔을 고르는 기준이 다르다. 그 때문에 어떤 광물에서는 Sr에 대한 Rb의 농도가 운석 전체의 평균보다 높은 비율에 달하고, 다른 광물에서는 낮아진다. 이것이 열쇠인 것이다.

이상적으로 말하면 처음부터 Rb을 전혀 포함하지 않는 광물이 발견되면 가장 좋다. 그 광물에 포함되는 ^{87}Sr은 공통성의 것뿐이다. 그리고 그 존재량(1,000개의 ^{86}Sr에 대해)은 Rb을 포함한 다른 광물의 공통 성분의 양이기도 하다. 공교롭게도 그런 광물은 아직 발견되지 않았다.

그러나 다행스럽게 Rb이 없는 이상광물(理想鑛物)에 대한 Sr의 동위원소 조성을 구하는 방법이 있다. 운석 조각을 빻아서 여러 가지 광물을 골라내어 따로따로 동위원소의 분석을 하면 된다.

〈그림 4-2〉는 그 결과로서 횡축에 ^{87}Rb, 종축에 ^{87}Sr의 양(어느 것이나 1,000개의 ^{86}Sr에 대해)을 표시한 양자의 관계를 나타냈다. 검은 점은 콘드라이트 운석의 개개의 광물의 측정치이다. 예상되는 일이지만, ^{87}Rb의 현재 값이 큰 광물은 ^{87}Sr의 존재량도 크다. 검은 점은 한 선상에 놓이며, 깨끗한 직선 관계를 만든다. 그것을 그래프 종축(^{87}Rb의 존재량 제로의 이상광물)에 이르기까지 왼쪽으로 뻗으면 찾고 있는 원시 Sr 동위원소 조성에 이른다. 즉, 태양계가 탄생할 때 1,000개의 ^{86}Sr원자에 대해 700개의 비율로

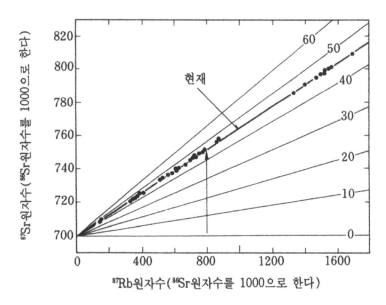

그림 4-2 | 루비듐 존재량이 다른 군(群)에 나타나는 스트론튬 동위원소 조성의 진화

위 그림의 선들은 ^{87}Sr, ^{87}Rb의 수가 연대(10억 년마다)와 함께 변하는 상태를 나타낸 것이다.
검은 점은 콘드라이트 운석에서 추출한 광물입자의 측정치. 여기서 두 가지 사실을 알 수 있다.
우선 태양성운에서는 ^{86}Sr의 1,000개에 대해 ^{87}Sr은 700개의 비율이었다. 다음에 운석이 된 것
은 45.6억 년 전이다. 전자는 굵은 직선과 좌표축과의 절편에서, 후자는 직선의 기울기에서 알
수 있다. 하나의 입자 중에서 시간과 함께 동위원소 비가 변해가는 경로는 일례를 중앙의 상향
화살표로 나타냈다. ^{87}Sr이 늘어난 수만큼 ^{87}Rb의 수가 감소하고 있다. 다른 광물입자의 경로도
이것과 평형이 된다

^{87}Sr이 있었다. 이것은 Rb을 함유하지 않는 이상광물이 ^{87}Sr의 비율에도
해당한다. 그뿐만 아니라 갓 만들어진 운석의 모든 광물에 포함된 ^{87}Sr의
^{86}Sr에 대한 비율이기도 하다. 왜냐하면 같은 원소의 동위원소는 서로 화
학성이 거의 같고 운석이나 행성의 생성이라는 화학변화에 따라서 동위원

소 분별이 일어나는 것은 아니기 때문이다(예를 들면 지구의 어떤 시료를 조사해도 ^{84}Sr와 ^{86}Sr의 비는 같다).

여기서 〈그림 4-1〉로 돌아가자. 가상의 탄소질 운석은 ^{86}Sr의 1,000개 원자에 대해 40억 년 전에는 ^{87}Sr이 706개 원자이고, 50억 년 전은 694개 원자이다. 최초의 수가 700개 원자라면 운석광물이 고화한 것은 46억 년 전이 된다.

〈그림 4-2〉에서 위로 향한 화살표는 하나의 운석광물의 동위원소비가 연대의 경과에 따라서 어떻게 변하는가를 나타낸 경로이다. 광물이 만들어졌을 때는 ^{87}Rb의 존재량은 800개, ^{87}Sr은 700개였다. 현재에 와서 ^{87}Rb은 746개로 감소하고, ^{87}Sr은 754개로까지 되었다. 더욱이 지금부터 46억 년이 지나면 각각 692개와 808개가 된다.

〈그림 4-3〉에서 양자의 관계를 보면, 측정점이 늘어서 있는 사선의 기울기에서 운석의 연령을 알 수 있다. 이 사선에 측정치를 넣어 얻을 수 있는 결과는 45.6억 년±0.1억 년(4500±0.1Ma)이다.

이러한 분석은 여러 가지 운석에 대해서 이루어지고 있다. 〈그림 4-4〉에 정리되어 있듯이 모든 운석의 연령은 오차의 범위에서 똑같아진다. 이것에 의해서 추정방법의 올바름도 알 수 있고, 또한 운석이라는 것은 모두 거의 같은 시기에 생성된 것이 확실하다.

사마륨 147(^{147}Sm)과 네오디뮴 143(^{143}Nd)이라는 핵종의 쌍을 이용해, 위에서와 같은 방법으로 운석의 연령을 따로 구할 수 있다. 방사성 핵종인 ^{147}Sm은 반감기가 1,100억 년이며, 알파 붕괴를 해서 ^{143}Nd으로 바뀐다.

동위원소의 농도에 관해서는 다음의 관계가 있다.

$$\left.{}^{87}\text{Sr}\right)_{\text{현재}} = \left.{}^{87}\text{Sr}\right)_{\text{초기}} + \left[\left.{}^{87}\text{Rb}\right)_{\text{초기}} - \left.{}^{87}\text{Rb}\right)_{\text{현재}}\right]$$

$$\left.{}^{87}\text{Rb}\right)_{\text{초기}} = \left.{}^{87}\text{Rb}\right)_{\text{현재}} e^{\frac{t}{\tau}}$$

t는 운석의 연령, τ는 ^{87}Rb원자의 평균수명(즉 반감기/.693, 70×10^9 년). 제 2 식을 제 1 식에 넣으면 다음 식이 된다.

$$\left.{}^{87}\text{Sr}\right)_{\text{현재}} = \left.{}^{87}\text{Sr}\right)_{\text{초기}} + \left.{}^{87}\text{Rb}\right)_{\text{현재}}\left(e^{\frac{t}{\tau}} - 1\right)$$

t가 τ에 비해 짧으면 다음의 근사를 사용할 수 있다.

$$e^{\frac{t}{\tau}} - 1 = \frac{t}{\tau}$$

따라서,

$$\left.{}^{87}\text{Sr}\right)_{\text{현재}} = \left.{}^{87}\text{Sr}\right)_{\text{초기}} + \frac{t}{\tau}\left.{}^{87}\text{Rb}\right)_{\text{현재}}$$

$$\left.\frac{{}^{87}\text{Sr}}{{}^{86}\text{Sr}}\right)_{\text{현재}} = \left.\frac{{}^{87}\text{Sr}}{{}^{86}\text{Sr}}\right)_{\text{초기}} + \frac{t}{\tau}\left.\frac{{}^{87}\text{Rb}}{{}^{86}\text{Sr}}\right)_{\text{현재}}$$

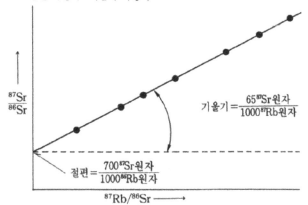

그림 4-3 | 운석 연령의 계산에 이용한 식의 산출방법

운석의 측정치에서 기울기는 0.065이다. 따라서 t=0.065τ=0.065×(70×10^9)=4.55×10^{9}년

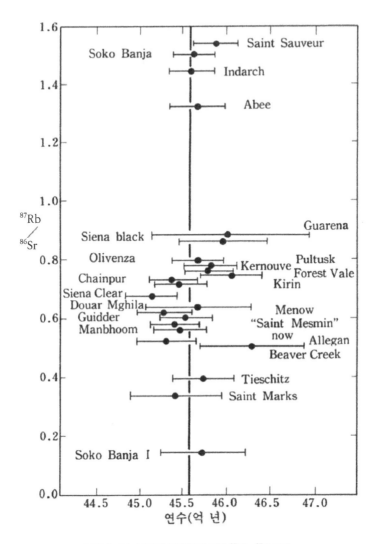

그림 4-4 | 19개의 운석에서 구한 ^{87}Rb–^{87}Sr년대

모두 45.2억 년에서 46.3억 년 사이에 들어간다. 평균치는 45.6억 년(종축의 굵은 선). 각 측정치의 부정확함은 횡축의 가는 선으로 나타내고 있다. 운석 간의 이렇다 할 연령의 차는 없다(역주: 운석의 이름은 낙하지명(落下地名)을 이용하지만, 발음도 어렵다. 그래도 나타냈다)

운석에서 추출해 낸 여러 가지 광물의 Sm과 Nd의 존재도가 측정되어 있다. ^{145}Ne를 기준으로 한 ^{143}Ne의 존재도와 같은 기준의 ^{147}Sm의 존재도와의 관계를 도시하면 직선을 얻을 수 있다. 직선의 기울기에서 운석의 연령이 구해지면, 46억 년이라는 값이 얻어진다.

원소의 연령을 추정한다

운석에 포함되는 반감기가 긴 동위원소의 서로의 존재도를 비교하면, 수소·헬륨보다 무거운 원소가 합성된 시기에 대한 어느 정도의 사실을 알 수 있다. 연대를 기록한 모래시계의 역할을 다하는 특별한 것은 없지만, 우선 수명이 긴 한 쌍의 동위원소를 골라 존재도의 비를 조사해 보자. 양자의 반감기가 다른 경우에는 존재도의 비가 시간에 따라 달라진다. 그것이 눈여겨보아야 할 점이다. 잘 해내기 위해선 한 쌍의 동위원소는 세 가지 조건을 만족하고 있는 것이어야 한다.

1. 반감기가 2억 년에서 200억 년 사이에 있을 것. 이것보다 반감기가 짧은 핵종은 소멸해서 검출할 수 없다. 길면 존재도의 변화가 너무 작다.
2. 행성이 만들어질 때. 한 쌍의 핵종이 너무 분리되어서는 곤란하다.
3. 초신성이 폭발할 때 한 쌍의 핵종이 어떤 비율로 생기는 가를 이론적으로 이해하고 있을 것. 양 핵종의 r과정에서 생기는 수의 비와 현재 관

측되는 비를 비교해 생성의 연대를 구하기 때문이다.

〈표 4-1〉에 열거한 핵종 중에서 세 가지가 떠오른다. 즉 우라늄 235, 238(^{235}U, ^{238}U), 토륨 232(^{232}Th)로서 반감기는 어느 것이나 좋은 조건에 있다. 두 개는 같은 원소의 동위원소이기 때문에 행성 탄생 때 서로 분별해 버리는 일은 없다. 세 번째는 토륨의 동위원소인데, 우라늄을 닮아 토륨화합물도 휘발성이 매우 낮다. 콘드라이트가 만들어지는 동안에 우라늄과 분리해 버린다고는 생각하기 어렵다.

r과정에 의해 원소가 만들어져 가는 것을 계산기로 산출한 결과에 의하면, 3종의 원소는 대략 다음 비율로 생긴다.[6]

^{235}U : ^{238}U : ^{232}Th=790 : 525 : 1000

탄소질 운석을 조사해 보면 현재의 비율은 다음과 같이 변했다.

^{235}U : ^{238}U : ^{232}Th=1.9 : 265 : 1000

초신성에서 갓 만들어진 먼지에 비해 ^{235}U는 400분의 1, ^{238}U은 약 반이 되었다. 원소 간에 차이가 생기는 것은 당연하다. 반감기가 짧은 ^{235}U(반감기 7억 년)는 ^{232}Th(140억 년)에 비해 크게 줄었다. ^{238}U(45억 년)은 조금밖에 되지 않는다. 하여튼 U, Th은 태양계에 둘러싸인 흔적만큼이나 오랜 연대가 흐른 것이다.

태양계가 46억 년을 경과한 것을 근거로 운석이 태어났을 때, 세 가지

---

6) 존재도의 기준으로 232Th(반감기 140억 년)의 1000원자를 이용한다.

핵종은 어떤 존재도였는가, 현재 측정된 값으로부터 역산해 보자. 이 시기에 잃어버린 양을 원래 상태로 돌리기 위해 다음의 방사성 붕괴식을 이용한다.

(처음의 수)/(현재의 수) $= e^{(\Delta t / r)}$

Δt는 태양계가 만들어진 처음부터 지금까지의 시간(46억 년), r는 문제로 삼고 있는 동위원소의 평균수명이다. 이 식에 의하면 46억 년 전에는 현재에 비해 ^{235}U는 80배, ^{238}U은 2배, ^{232}Th는 1.25배 많았다. 그러면 지구 탄생 당초의 상대적인 존재도는 다음과 같다.

^{235}U : ^{238}U : ^{232}Th=80×1.9 : 2×265: 1.25×1000

= 152 : 530 : 1250

이것을 ^{232}Th의 1000개에 대한 값으로 고치면

^{235}U : ^{238}U : ^{232}Th=122 : 424 : 1000

비교를 위해 앞에 표시한 초신성에서 금방 만들어진 먼지의 값은

^{235}U : ^{238}U : ^{232}Th=790 : 525 : 1000

지구 탄생 당초의 존재도는 금방 만들어진 먼지에 가까운 값이지만, 분명히 방사성 붕괴한 흔적이 나타난다. 원소의 기원에서 태양계 탄생까지에는 어떤 길이의 시간이 경과했을 것이다.

우라늄 동위원소의 비에서 그 시간을 대강 알 수 있다. ^{235}U 대 ^{238}U 비의 값이 원소가 생겼을 때의 790 대 525에서 지구 탄생시의 122 대 424로 변하는 시간은 21억 년이 걸린다. 그렇다면 태양계의 모든 우라늄이 단 한 번의 초신성 폭발로 생긴 것이라면 폭발사건이 일어난 것은 67억 년 전(46억 년+21억 년)의 일이다.

사실은 지구를 만드는 수소와 헬륨보다 무거운 원소가 단 한 번의 사건에서 생겼다고 하는 것은 있을 수 없다. 원소는 은하계가 생겼을 때부터, 그리고 태양계 탄생 직전까지 계속해서 일어난 사건마다 생겼을 것이다. 은하계에서 초신성 현상이 100년에 한 번꼴로 일어났다고 하면 위의 기간에는 대강 1억 회(100억 년/100년)나 있었던 것이 된다. 폭발의 빈도가 은하계의 역사 동안에 어떻게 변화해 왔는가는 불명확하므로 곤란한 일이지만, 여기서는 직감적인 판단에 의존하기로 한다. 즉 적색거성은 은하의 역사를 통해서 같은 빈도로 나타나고, 사라져 간다고 하면 원소가 만들어지는 속도는 은하계가 생긴 이래 일정하게 이어나가게 된다.

이때 안정된 핵종(수소와 헬륨보다 무거운 것)은 어느 것이나 시간의 흐름에 따라서 많아진다. 그것에 대해서 방사성 동위원소 쪽은 처음은 늘어나지만, 은하계가 노쇠해감에 따라서 존재도가 변동 없이, 결국 일정치에서 머문다. 별의 폭발로 새롭게 만들어지는 한편, 방사성 붕괴로 감소되므로 마침내 균형이 잡히게 된다.

이러한 현상을 이해하기 위해 실례를 들어보기로 한다. 국립 박물관에서 츠탄카멘의 마스크가 전시되어 견학자의 의견이 제한되었다. 아침 개관 직후에는 전시관은 거의 텅 비어 있었으나 곧이어 견학자의 수는 일정한 비율로 늘어간다. 보통 사람은 거기에 한 시간 있는 정도이기 때문에 사람 수는 금방 한계점에 달하게 되며, 점심때가 지나선 전시관에 들어가는 사람과 나오는 사람과의 수는 균형을 이루게 된다.

반감기가 긴 두 종류의 동위원소의 존재도의 비에서 중원소(重元素)의 합성이 시작된 시점을 알 수 있는 이유를 알아내기 위해 좀 더 이야기를 복잡하게 해 보자. 견학자의 반은 관광객, 반은 학생이며, 관광객은 30분에 견학을 마치고, 학생은 두 시간을 끈다고 한다. 이른 아침에는 학생과 관광객의 비는 1 대 1이다. 점차 학생의 비율이 늘어나고, 결국 4 대 1에 이른다. 매일 그것을 보고 있는 계원은 손목시계를 차지 않은 날에도 학생과 관광객과의 수의 비율에서 시각을 짐작할 수 있게 될 것이다.

그와 같은 일이 은하계에서 일어나고 있다. 여기서는 견학자 대신에 ^{235}U와 ^{238}U이 일정한 비율로 선을 보인다. 어떤 시간에 이르면, 방사성 붕괴는 사라진다. ^{238}U은 ^{235}U에 비해 긴 시간 머물러 있기 때문에, 초신성 폭발로 새롭게 등장하는 은하계 안에서 볼 수 있는 우라늄 비율은 보다 많아진다.

은하물질의 ^{235}U, ^{238}U과 ^{232}Th의 함유량의 변천을 〈그림 4-5〉에 나타냈다. ^{235}U는 반감기가 짧기 때문에 은하가 만들어진 뒤 수십억 년에서 총량이 옆으로 뻗는다. 지구 탄생 당시에도 ^{235}U의 총량은 이 정상치에 매우 가까웠다(즉 생성수와 붕괴수가 같다). ^{238}U은 반감기가 44.7억 년이기 때문에 은하계가 만들어진 뒤 100억 년이 지나서도 계속 증가하며, 더더구나 100억 년 이상 지나지 않으면 한계점에 이르지 못한다. ^{232}Th는 우주의 연령에 가까운 반감기를 가지고 있다. 현재의 존재량은 더욱이 수백억 년 후에 달할 값의 반도 되지 않는다. 모두가 최종적으로 균형상태가 되었을 때 은하계 안에서 보일 존재도는 다음의 값으로 된다(나중 이야기할 편의를 보아 여기서는 1,000개의 ^{232}Th 원자가 아니고 100개의 ^{235}U 원자에 대한 값).

$$^{235}U : {}^{238}U : {}^{232}Th = 100 : 410 : 2460$$

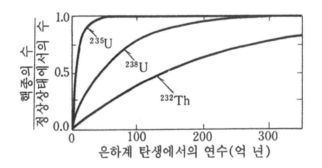

그림 4-5 | 은하계의 우라늄 235·238, 토륨 232의 양의 진화

은하계의 역사를 통해서 일정수의 초신성 현상이 규칙적으로 일어나고 있다고 가정하고 있다. 정상상태라고 하는 것은 방사성 붕괴에서 잃어버리는 수와 별 안에서 생기는 수가 균형 잡힌 상태이다

그것에 대해서 46억 년 전의 지구 탄생 때 태양성운에 해당하는 상대 존재도는

$$^{235}U : {}^{238}U : {}^{232}Th = 100 : 345 : 818$$

같은 기준으로, 초신성 폭발 후 막 생성된 먼지 알갱이의 값은 다음과 같다.

$$^{235}U : {}^{238}U : {}^{232}Th = 100 : 66 : 127$$

이와 같이 원시성운(46억 년 전)의 물질 조성은 원소의 합성이 수백억 년간 계속해서 생기는 정상상태의 비율에는 미치지 못한다. ^{235}U만은 미친다고 생각하여(때문에 기준으로 한다) ^{238}U은 그 이전에는 0.84(345/410), ^{232}Th는 0.33(818/2460)의 상태에 있었다. 원소합성이 시작되고 나서 연대가 지남에 따라 이들 핵종의 수의 비가 어떻게 변해 가는가는 〈그림 4-6〉에 나타냈다(실선의 곡선). 지구 탄생시의 값에 상당하는 수평의 파선도 그어져 있다. 실선과 파선과의 교차점에서 은하계의 형성에서 태양계 탄생까지의 시간을 알 수 있다. ^{238}U에서는 120억 년, ^{232}Th에서는 90억 년이다. 양쪽 다 약간 부정확한 값이지만, 결국 원소의 합성이 시작된 것은 태양계가 탄생하기 약 100억 년 전이었다고 말할 수 있지 않을까?

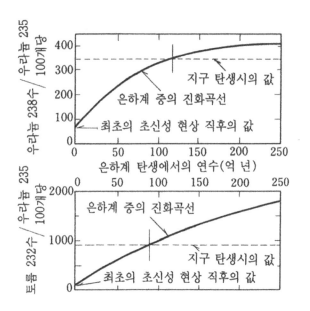

그림 4-6 | 중원소의 생성속도가 일정할 때 은하계의 $^{238}U/^{235}U$, $^{232}Th/^{235}U$의 변화

초깃값은 별 안에서 생성하는 비율. 시간과 함께 긴 수명의 동위원소의 점선 비율이 늘어간다. 수평의 점선은 태양계 탄생 때의 비의 값. 진화곡선과의 교차점은 은하계 탄생에서 태양계 탄생까지의 연수에 상당하고, 각각 120억 년, 90억 년으로 나온다. 약 100억 년이 되는 곳이다

적방편이와 은하거리의 관계에서 알 수 있었던 것과 이 이야기를 결부해서 〈그림 4-7〉을 만들었다. 우주는 150억 년 전에 시작되었다. 그리고 10억 년 사이에 성운이나 은하계가 형성되었다. 은하계의 역사를 통해서 적색거성이 일정한 비율로 원소를 합성해 간다. 태양계를 만드는 물질은 46억 년 전 은하계에서 떨어져 나왔다. 원소의 합성은 지금도 계속하고 있지만, 46억 년 동안 지구에서 만들어진 원소는 태양이나 행성에 섞여들 수 없다.

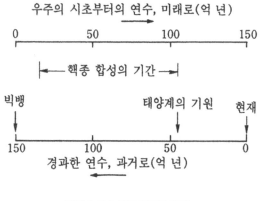

그림 4-7 | 우주 사건의 연대

핵종 합성의 기간이라고 하는 것은 태양계에 존재하는 수소·헬륨 이외의 중원소가 합성된 기간. 은하계 전체에서는 지금도 합성이 계속되고 있다. 태양계 물질은 46억 년 전 은하계에서 격리되었다

소멸 핵종의 딸물질

지금은 소멸해버린 방사성 핵종이 남긴 딸물질을 조사하면, 더욱 놀라운 사실을 알 수 있다. 특히 중요한 핵종은 요오드 129(^{129}I; 반감기 1600만 년)에서 생긴 딸핵종 크세논 129 (^{129}Xe)와 알루미늄 26(^{26}Al; 반감기 70만 년)에서 생긴 마그네슘 26(^{26}Mg)의 두 가지이다. 어느 쪽이나 모핵종은 초신성에서 방출되어 잠시는 존속할 수 있는 만큼의 반감기를 갖고 있지만, 태양계 46억 년의 역사를 살아남는 데는 너무 짧다.

소멸 핵종의 딸물질이 말하는 이야기를 이해하는 데 필요하기 때문에 동위원소의 존재도에 관련된 것을 조금 설명하려고 한다. 하나의 원소에 몇 가지 동위원소가 있는 경우, 동위원소 사이의 존재도의 비는 모든 지구 물질이나 운석에 대해서도 흔히 같은 값으로 된다.

차이를 갖는 경우에는 다음의 어느 쪽인가에 원인이 된다. 하나는 방사성 붕괴물이 있기 때문이다. 이를테면 Sr의 동위원소 조성은 하나의 운석 중에서도 광물에 따라서 다르다(그림 4-2). 이것은 반감기가 긴 방사성 ^{87}Rb이 광물에 따라서 여러 가지 비율로 함유되어 있던 것이 붕괴되어 Sr에 보태졌기 때문이다.

두 번째 원인은 어떤 종류의 화학변화에서는 변화에 따라 동위원소 사이에 약간의 분별이 생기기 때문이다. 물의 증발에서는 산소 16을 성분으로 하는 분자($H_2{}^{16}O$)는 산소 18이 성분인 분자($H_2{}^{18}O$)보다도 소량이지만, 증발하기 쉽다. 식물의 광합성 때 탄소 12를 가지는 이산화탄소분자($^{12}O_2$)는 탄소 13을 가지는 분자($^{13}CO_2$)보다 조금이나마 동화되기 쉽다. 이는 동위원소 사이의 질량의 차(중성자수의 차)에 기인하는 것이다.

이와 같이 같은 원소의 동위원소끼리는 화학변화의 메커니즘을 정하는 전자구조는 같지만 질량에 차이가 있기 때문에 조금이나마 분별하는 경향을 갖는다.[7]* 세 개 이상의 동위원소가 있는 경우 분별의 정도는 질량의 차이를 반영해서 규칙적으로 나타난다(예를 들면 중성자수가 두 개 다른 것은 하나 다른 것에 대해서 분별의 크기가 배가 된다).

이 질량 의존성에 주의하면 화학적인 과정에 의해 생긴 동위원소 존재도의 이상을 방사성 붕괴에 의해서 일어나는 이상과 구별할 수 있다(세 개이상의 동위원소가 있는 경우의 이야기).

마그네슘 동위원소의 존재도 이상

1974년 캘리포니아 공과대학의 바세버그(Terry Wasserburg)와 그의 협력자들은 운석을 만든 원시물질 중에 미량이나마 알루미늄 26이 함유되어 있지 않았나를 확인하려고 했다. 이것에 의해서 태양계 생성의 초기에 일어났는지도 모르는 다음의 세 가지 문제를 풀 수 있기 때문이다.

1. 태양계 탄생 직전 은하계 안에 초신성 폭발이 일어나지 않았는가?
2. 성운이 응집을 시작하고 나서 운석이 만들어질 때까지 시간의 경과는 어느 정도인가?
3. 소멸핵종의 붕괴에 수반하여 생기는 발열에 의해서 갓 만들어진 태양계 천체가 녹았을까?

^{26}Al은 붕괴해서 ^{26}Mg으로 되기 때문에 콘드라이트운석에 함유되어 있는 마그네슘의 동위원소의 존재도에 이상은 없는가 조사해 보자(그림 4-8). 측정하는 광물은 신중히 골라야만 한다. 특히 알루미늄이 풍부하고 마그네슘이 거의 포함되지 않은 광물이 바람직하지만 마그네슘은 운석의 성분으

---

7) 제2차 세계대전의 원폭 맨해튼계획의 실행에 있어서 가장 곤란했던 것은 ^{235}U와 ^{238}U과의 분별이었다. 과학기술의 틀을 모아 무제한의 자금을 들여도 충분한 ^{235}U를 일정대로 만드는 것은 성공하지 못했다.

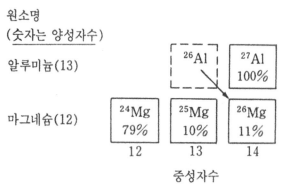

원소명
(숫자는 양성자수)

알루미늄(13)

마그네슘(12)

중성자수

그림 4-8 | 알루미늄, 마그네슘의 동위원소 조성

알루미늄의 안정된 동위원소는 한 종류, 마그네슘은 세 종류 있다. 태양계의 초기에는 알루미
늄 동위원소가 한 종류 더 있었다(방사성 알루미늄 26으로 반감기는 73만 년). 이 동위원소는
현재는 소멸해서 마그네슘 26이 되었다

로서 가장 풍부한 원소이기 때문에 이것을 찾는 것은 매우 까다로운 일이
다. 다행히도 아옌데 운석(1969년에 멕시코의 아옌데에 떨어진 탄소질 운석)이 장
석(長石)이라 할 수 있는 다음의 조성을 갖는 광물을 조금 포함하고 있었다.

$CaAl_2Si_2O_8$

이 광물은 결정구조에서 마그네슘 원자가 끼어들 여지가 없다. 따라서
알루미늄의 함량이 마그네슘에 비해 매우 많다.

장석에 극히 미량 섞여 있던 마그네슘에 관해서, ^{24}Mg에 대한 ^{26}Mg의
비율을 엄밀히 측정했다. 그 값을 보통의 광물 알갱이에 대해서 주의 깊게

측정한 같은 동위원소 간의 비율과 비교해 보았다. 그러자 ^{26}Mg 대 ^{24}Mg 의 비의 값은 장석 쪽이 운석의 평균치보다도 약간 컸다.

이 차이가 화학적인 분별 때문에 일어난 것이 아님을 확실히 했다. 그 것을 위해 ^{25}Mg 대 ^{24}Mg의 값을 측정한다. 만약 장석 이상이 화학적인 분 별에 기인한다면 이 비에도 이상이 있어서 그 크기는 ^{26}Mg 이상의 절반과 같은 것이어야 한다. 그런데 조사해 보았더니 그렇지 않았다. 검출된 것은 소멸 핵종 ^{26}Al의 붕괴에서 생긴 동위원소 이상임에 틀림이 없었다.

바세버그는 다음과 같이 설명했다.

보통의 광물(마그네슘이 풍부하고 알루미늄은 적다)에서는 광물이 만들어졌 을 때 있던 미량의 ^{26}Al이 붕괴해서 ^{26}Mg으로 만들어져도 처음부터 있던 ^{26}Mg 안에 묻혀 버린다(그림 4-9). 그런데 장석(마그네슘이 적다)의 경우, 붕 괴로 생긴 ^{26}Mg은 원래 공통 ^{26}Mg의 양이 적으므로 그 양은 얼마 되지 않 는다. 그래서 장석에서는 운석의 평균에 비해서 마그네슘 전체에서 점하 는 ^{26}Mg의 비율이 조금밖에 커지지 않는다. 이것이 측정된 내용이다.

또 다른 각도에서도 검토가 이루어졌다. 알루미늄과 마그네슘의 비율 이 다른 두 종류의 장석을 조사해 보면(그림 4-10), 알루미늄의 비율이 많은 쪽이 ^{26}Mg의 양도 많다. 이것은 운석 중에서 ^{26}Al이 붕괴해서 여분의 ^{26}Mg 이 생기는 경우 당연한 일이다.

이런 측정에서 아옌데 운석이 생성되었을 때 알루미늄 1g에 ^{26}Al이 어 느 만큼 함유되어 있는가를 구할 수 있고, 다음의 결과를 얻게 되었다.

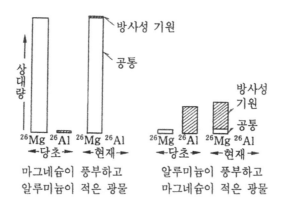

그림 4-9 | 운석 중의 ^{26}Al의 붕괴에 의해 생긴 ^{26}Mg를 검출하는 원리

'방사성 기원'의 ^{26}Mg의 '공통'된 26Mg에 대한 비는 알루미늄이 풍부하고 마그네슘이 적은 광물에서 값이 커진다. 그림에서는 문제점을 밝히기 위해 ^{26}Al의 양을 과장해서 나타내고 있다. 진짜 운석에서 방사성 기원인 ^{26}Mg의 양은 그림의 100분의 1 정도이다

^{26}Al: Al(전체)=0.00005

이것을 초신성에서 갓 생성된 먼지에 관한 예상치

^{26}Al:A1(전체)=0.001

와 비교하여 그 뜻을 생각해 보자.

여기에서 이야기는 내기의 성격을 띠게 된다. ^{26}Al의 반감기는 73만 년이다. 극단적인 경우를 취해 초신성 폭발 직후에 아직 약간의 ^{26}Al이 붕괴하지 않고 남아 있을 때 운석이 생긴 것이라고 한다. 그러면 이 운석에 함

유되어 있는 알루미늄 중 지금의 초신성 폭발에서 생긴 것은 5%에 불과하다고 할 수 있다. 왜 그런가. 태양성운의 알루미늄 중에서 5%만이 ^{26}Al의 비가 0.001인 새로운 폭발의 먼지에서 생성되고 나머지는 ^{26}Al이 소멸한 뒤 오래된 무수한 초신성현상(超新星現象)의 먼지에서 왔다고 하면 혼합물의 알루미늄 비율은 0.00005가 되기 때문이다.

그렇지 않고 이를테면 초신성현상의 140만 년 후에 운석이 생긴 것

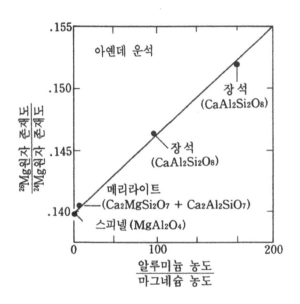

그림 4-10 | 콘드라이트 운석의 4광물에 대한 ^{26}Mg/^{24}Mg의 측정치

횡축은 광물 중의 알루미늄과 마그네슘과의 농도비, 장석류에서는 알루미늄은 주성분, 마그네슘은 미량성분이기 때문에 그 밖의 광물에 비해 ^{26}Mg의 비율이 많다. 평균 지구물질의 마그네슘 동위원소 조성비는 0.1394. 지구에서는 알루미늄/마그네슘 비가 약 0.1이기 때문에 그렇게 되는 것은 이상하지 않다

이라고 하면, 초신성의 ^{26}Al은 최초의 4분의 1이므로 ^{26}Al 의 비율은 0.00025(새로운 먼지에서는 0.001이었다)이다. 따라서 운석값 0.00005를 얻는 데는 알루미늄 20%가 이 초신성현상에서 생긴 것이고 나머지가 그 이전의 무수한 사건에 기인하는 것으로 된다.

실은 운석을 만드는 중원소의 5%가 하나의 초신성현상에 관계된다고 하는 것조차 너무나 많은 것이다. 어떤 뜻에서는 이야기가 지나쳤다고 할 수 있다. 바세버그는 태양계의 탄생에 앞서 초신성현상이 일어났는가 어떠했는가를 알려고 노력했다. 그 때문에 태양계 탄생에 수반하여 생긴 운석의 광물 덩어리 중에 반감기가 짧은 ^{26}Al에 포함되어 있는 증거를 발견하려고 했다. 예상은 맞았지만, 처음부터 있었으리라고 생각했던 ^{26}Al이 너무나 많은 것이다. 어딘가에 무리가 있다.

크세논 동위원소의 존재도 이상

바세버그 연구진의 마그네슘 동위원소 조성의 연구보다 20년 전에 버클리의 연구자들은 레이놀드(John Reynolds)의 지도하에 크세논 동위원소의 이상에 관하여 그와 같은 분석을 시도했다. 마그네슘 이야기를 먼저 한 것은 그쪽 편이 알기 쉬웠기 때문이다. 같은 결론은 크세논 동위원소에서도 나오지만, 추리 방법은 복잡해지고 결론은 그다지 명확하지 못하다. 단지, 크세논 동위원소 이상의 발견에 의해서 태양계의 초기의 사건을 밝히는 데 강력한 방법이 확립되었음을 강조해 두고 싶다.

　크세논 동위원소가 복잡해지는 이유의 하나는 동위원소 성분의 차에 두 종류의 소멸 핵종이 관계하고 있기 때문이다. 레이놀드는 처음 크세논 129(^{129}Xe)에 초점을 맞췄다. 운석이 고화했을 때, 모원소에 해당하는 소멸 핵종 요오드 129(^{129}I)가 있었을 것이라고 생각했던 것이다. 측정 결과 운석에서 추출한 크세논 중의 ^{129}Xe의 비율과 지구 대기에서 채취한 ^{129}Xe의 비율과의 사이에 큰 차이가 있는 것을 발견했다. 그 밖에 다른 몇 종류의 크세논 동위원소에도 작지만 이상이 있음을 검출했다. 나중에 안 일이지만, 작은 쪽의 이상은 이것도 소멸하고 있는 다른 방사성 핵종 플루토늄 244(^{244}Pu)의 자발핵분열(自發核分裂, 반감기 8,300만 년)에 의해서 생긴 것이다.

　〈그림 4-11〉은 최초로 얻은 확실한 측정결과이다. 이 연구가 진행됨에 따라 수많은 운석을 시료로 한 크세논의 분석이 행해지고, 크세논의 동위원소 조성이 정해지고, 또한 크세논과 요오드양 원소의 존재도도 구해졌다. ^{129}Xe의 과잉분은 고화한 운석의 ^{129}I로 둘러싸였기 때문에 그때의 ^{129}I의 ^{127}I(단 하나의 안정핵, 〈그림 2-13〉 참조)에 대한 존재비를 계산할 수 있다. 〈그림 4-12〉에 보이듯이 1만 개의 ^{127}I 원자에 대해서 대개 한 개의 ^{129}I 원자가 있는 것으로 된다.

　크세논에서 볼 수 있는 동위원소 존재도의 이상은 전체적으로 마그네슘의 경우에 비해 너무나 크다. 마그네슘은 운석을 만드는 주원소이기 때문에 ^{26}Al의 붕괴에서 생기는 얼마 안 되는 ^{26}Mg 등은 감추어져 버릴 만큼 다량으로 보통 마그네슘이 있다. 이것에 대해 크세논은 희유기체이기 때문에 처음에 운석에 갇힌 것은 원시성운에 있었던 것 중에서 극히 소량의 것이다. 한편 요오드는 다소 휘발성을 가진 원소이지만, 크세논보다도 훨씬 쉽사리 운석에 들어가게 되었다. 그중의 ^{129}I가 붕괴하여 ^{129}Xe이 생겼다. 그것을 감춰 버리는 공통 크세논의 양이 원래부터 적었기 때문에 비교

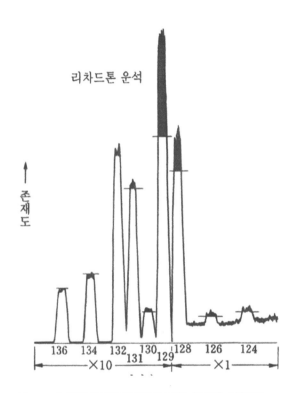

그림 4-11 | 리차드톤 콘드라이트의 크세논의 질량 스펙트럼

(John Reynolds, 1960년) 각 피크 부근의 횡선은 지구대기의 크세논 시료에 대한 값(크세논 136에서 운석과 합해져 있다). 확실한 과잉(검은 부분)이 질량 131, 129, 128에 보인다. 과잉의 ^{129}Xe는 소멸 핵종 ^{129}I의 방사성 붕괴에 근거한다(그림의 왼쪽 반의 높이는 오른쪽 반의 1/10에 해당한다)

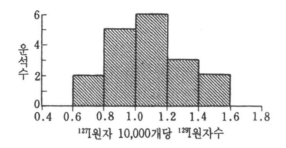

그림 4-12 | 운석 생성 당시의 ^{129}I/^{127}I의 비

과잉 ^{129}Xe의 측정치에서 재생한(현재의 운석에 포함된 과잉의 ^{129}Xe는 운석 생성 때는 ^{129}I였다) ^{129}I/^{127}I의 비의 값은 전체에서도 두 배의 차이로 돌아가는 것에 주의

적 큰 동위원소 조성의 이상 이 나타난 것이다.

이상과 같이 마그네슘 및 크세논의 동위원소가 지시하는 증거는 태양계의 탄생에 앞서 중원소의 생성사건이 일어났음을 보이고 있는 것 같다. 그 사건이 일어나고 나서 운석이 만들어질 때까지의 시간은 극히 짧았을 것이다.

동위원소 이상이 발견되었을 당시, 이것은 초신성 폭발의 충격파가 방아쇠로 되어 정지해 있던 먼지와 가스의 구름이 수축해서 태양계가 생겨난 증거가 된다고 확실히 말할 수 있다. 그러나 너무나 많은 ^{26}Al이 두통거리이다. 천체물리학에 의하면 1회의 초신성현상에서 주위에 1%를 넘는 새 물질이 더해진다고는 생각할 수 없다. 더구나 5%란 당치도 않다. 더욱이 다른 소멸 핵종 때문에 생긴 이상까지 측정되어 상황은 더욱 복잡해졌다. 현재 확실해진 이상을 모두 받아들일 수 있는 설명은 없다. 천체물리학의 연구자는 원소합성이라는 것만으로는 알차지 않은 무언가가 일어났다고 생각하고 있는 것 같다. 적색거성 이외의 환경이나, 지금까지 기술한 현상을 초월한 메커니즘을 받아들이지 않으면 안 된다.

산소 동위원소의 이상

방사성 핵종의 붕괴나 화학반응에 기인된 동위원소의 분별에 의해서도 설명할 수 없는 다른 형태의 동위원소 이상이 발견되고 있다. 이러한 발견에 따라 해석에 상당한 혼란이 생겨 아직 누구도 납득할 만한 해결책에는 이르지 못하고 있다. 그 이야기를 해보자.

시카고대학의 클레이톤(Robert N. Clayton)은 탄소질 운석에서 끄집어낸 광물알갱이에 대해 세 종류의 산소 안정동위원소의 존재도를 조사해, 이상이 있음을 발견했다. 문제는 그 이상 동위원소 간의 질량의 차이가 결부되어 있지 않다는 점이다. 발견에 앞서서 클레이톤은 여러 가지 지구 물질의 시료에 대해서도 조사하여 산소 18(^{18}O)의 존재도 이상의 비율은 언제나 산소 17(^{17}O)의 이상의 비율의 딱 두 배임을 알아냈다(광물이 생길 때의 화학반응에 동반되어 산소 동위원소가 분별할 때 그렇게 될 것이다). 그런데 탄소질 운석의 광물입자 사이에서는 ^{18}O의 엇갈림의 비율과 ^{17}O의 엇갈림의 비율이 같아진다. 〈그림 4-13〉을 참고했으면 한다.

산소 이상은 소멸 핵종에서는 (크세논처럼) 설명할 수 없다. 왜냐하면 산

소 동위원소의 모체로서 생각할 수 있는 핵종은 모든 반감기가 초 또는 그
것보다 짧기 때문이다. 이것은 무언가 또 다른 현상이 있음을 암시한다.

클레이톤은 태양계의 모성운 가운데에 '외래'의 알갱이가 함께 섞여 있
는 것이라고 보고 다음과 같이 생각했다. 외래의 알갱이는 어떤 별에 기원
이 있고, 그 별에서 방출된 핵종의 조성은 태양성운을 만든 은하물질의 평
균과 다르다. 알갱이는 모성운에 섞여서(녹지 않고) 운석에 잡혀들어갔다.
분석을 위해 광물을 골라낼 때 우연히 그런 외래의 알갱이를 포함한 것을

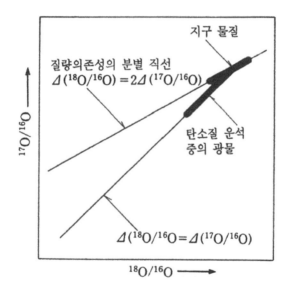

그림 4-13 | 산소 동위원소 조성의 분별화

지구에 있어서 동위원소 조성의 차이는 화학반응 때 질량에 의한 동위원소 분별이 생겼다고 생
각해서 설명할 수 있다. 탄소질 운석에서는 이상한 ^{16}O 존재도를 가지는 외래입자(외래 알갱이)
가 섞여 있는 것 같다

끄집어냈다고 할 수 있다.

측정결과와 이 해석은 일반적으로 받아들여지고 있지만, 밝혀진 내용의 뜻을 전부 알 수 있을 때까지는 많은 시간이 필요하다. 하나의 알갱이와 다른 알갱이에서 동위원소 조성이 달라지는 것이 산소에서 일어난다면 마그네슘이나 크세논에서 인정되지 않는 것은 왜인가? 또한 그것이 밝혀졌을 때도 측정된 이상 중, 운석에 잡혀들어가서부터 붕괴해서 소멸한 핵종에서 유래된 부분이 어느 만큼 있고, 동위원소 조성이 다른 '외래'의 알갱이에 의한 부분이 어느 만큼 있는 것일까?

성운물질이 한 번 녹거나 기화(氣化)하기라도 하면 본래의 먼지알갱이나 외래의 알갱이라는 구별은 없어져 버린다. 따라서 클레이톤의 생각이 옳다고 하면 응집해서 태양계 천체를 만든 소재의 적어도 일부분은 태양계 탄생의 모든 과정을 통해서 녹는 것을 면했다고 하는 결론이 된다. 그렇다면 행성 기원의 가설 중에서 고체를 전혀 포함하지 않는 극단적으로 고온인 성운이 최초에 있었으며 그로부터 고체가 만들어졌다고 하는 그럴듯한 생각은 배제될 수 있을 법한 일이다.

클레이톤에 동조할 수 없는 사람들은 빠져나갈 길을 찾으려고 골치를 앓고 있다. 한 가지 갈만한 길이 열렸다. 샌디에이고, 캘리포니아대학의 디멘스(M. H. Thiemens)와 하이덴리히 3세(J. E. Heidenrich III)가 한 실험에 의하면 어떤 특별한 환경하에서 가스에 전자를 쏘아 일으킨 화학반응에서는 Clayton의 측정결과를 설명하는 데 필요한 모양의 동위원소 분별이 일어날 수 있다. 그러나 이것은 이제 아주 추잡한 싸움이 된 경기로 더욱 혼란을 가중시켰다고 하는 것이다. 이것이 선단과학(先端科學)의 실상이다. 혹은 목마른 여행자가 멀어져가는 물을 쫓아 헐떡이고 있다고도 할 수 있다.

이러한 사실에서 무엇을 알 수 있는지, 지금은 확실하지 않지만, 과거의 사례를 생각하면 어쨌든 사정은 밝혀질 것이다. 20세기 말까지는 동위원소 이상에 의해서 갑자기 일어난 소동의 진짜 의미가 규명될 것이라고 생각한다.

장의 끝머리

이 장에서는 몇 가지 반감기가 긴 방사성 핵종의 붕괴를 이용해서 연대를 구하기 위해 어떻게 하는가를 보아 왔다. 처음에는 성공한 보기였다. 한 조의 모녀(母女) 동위원소의 존재도를 조사해 콘드라이트 운석의 광물 알갱이는 46억 년 전에 정출(晶出)되었음을 알았다. 또한 태양계의 형성은 수백만 년을 넘지 않는 시간 중에 완성한 것으로 추정된다. 따라서 46억 년이라는 연령은 운석뿐만 아니고, 태양에 대해서도 그리고 행성에 대해서도 통용한다.

다음의 보기는 그렇게 명쾌한 결론에는 이르지 못한다. 반감기가 긴 동위원소끼리의 존재도의 비율에서 중원소가 생긴 연대를 구하려고 한다. 해석에 의하면 지구나 운석을 만들어 낸 원소는 평균해서 태양계가 생기는 수십억 년 전부터 있었던 것이다. 자세히 구하는 데는 은하계 중에서 적색거성의 생성이 어떻게 변해 왔는가를 알지 않으면 안 된다. 따라서 지금은 우라늄과 토륨의 장반감기 동위원소(長半滅期同位元素)의 현재의 존재도와 태양계 생성에 앞서 100억 년간 적색거성의 생성속도가 점차 일정했던 것과의 사이에 모순은 없다고 할 수 있을 뿐이다.

세 번째 보기는 결정적인 결론이 아직 나오지 않은 것이지만, 매우 재미있는 것이다. 소멸 핵종의 ^{26}Al, ^{129}I, ^{244}Pu의 붕괴로 생긴 동위원소의 존재도를 조사하면, 태양계를 만든 은하물질 중에 태양계 탄생 직전 갓 합성된 원소군이 처박혀 들어 온 것이 거의 확실하다. 두 가지 중요한 사실을 말할 수 있다. 한 가지는 성운의 수축이 시작되어 중심성(中心星)과 행성이 만들어질 때까지 걸린 시간은 우주 척도로 말해서 매우 짧았다. ^{26}Mg에 관한 데이터를 설명하기 위해서는 ^{26}Al의 반감기(73만 년)보다 짧은 것이 필요하다. 또 하나는 초기의 행성물질에 함유하고 있는 ^{26}Al의 방사성 붕괴의 열이 태양계의 대형 천체를 생성 후 단시간에 녹여 버리는 열의 유력한 공급원이 될 수 있었던 것이다.

5장

지구의 진화

지각(地殼)과 대기의 형성과정

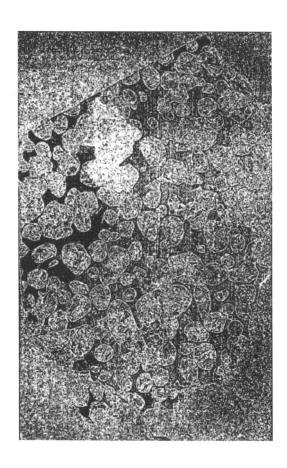

장의 첫머리

콘드루트를 함유하는 운석이 태양계의 역사 46억 년을 통해서 한 번도 녹은 적이 없는 데 비해 행성을 만들고 있는 물질의 대부분은 분명히 한 번 또는 여러 번 녹았다. 지구형의 행성에서는 그때 화학조성이 다른 여러 개 층으로 나뉘어졌다. 그것은 지구 표면의 지면에도 영향을 미치고 있다. 행성물질을 층으로 분리시킨 주된 힘은 금속철과 규산염과의 사이의 큰 밀도 차에서 이루어진다. 돌이 해저에 잠기고 기름은 수면으로 떠오르듯이 행성의 금속철은 지구 중심에 모이게 된다. 천체가 차가운 기간 동안은 나누는 힘이 있어도 변화는 일어나지 않지만, 천체가 녹으면 바로 분리되기 시작한다. 이 장에서는 행성을 만드는 물질의 화학적인 층화를 조사하기 위해 지구 중심부에 철 덩어리가 있는 증거부터 살피기로 한다.

운석 중에 철과 니켈의 합금으로 만들어진 특수한 종류가 있다(3장 참조). 이러한 것이 발견되기 때문에 소행성의 적어도 몇 갠가는 일찍이 녹은 적이 있다고 생각된다. 탄소질 운석을 도가니에서 녹이면 두 종류의 서로 섞이지 않는 액체가 생긴다. 하나는 금속철이 주요 성분이고 또 하나는 마그네슘·철·규소 등의 각 산화물이 주성분이다. 액체 금속은 액체 산화물보다도 비중이 크기 때문에 조금씩 도가니 바닥에 고인다. 마찬가지로 소행성이 녹으면 액체 금속이 중심으로 모여 핵을 만들고 액체 산화물은 핵을 둘러싸는 '맨틀'을 만든다고 생각된다. 소행성이 다시 고화했을 때 내부에는 화학조성이 다른 층이 생긴다. 철운석은 그런 소행성의 핵의 단편이며 현무암과 비슷한 에이콘드라이트는 맨틀에서 왔다고 생각된다.

지구의 중심핵은 무엇으로 되어 있는가

지진이 일어날 때 전해 오는 진동을 이용해서 지구 내부의 구조를 조사한다(그림 5-1). 무엇보다 중요한 발견은 깊이 2,900㎞에 뚜렷한 불연속이 인정된 것이다. 지진이나 그 이외의 자료를 종합하면 지구를 만드는 물질은 불연속면을 경계로 하여 서로 다른 종류로 구분된다.

불연속면 위쪽의 물질은 지진에 의해서 생기는 압축파(壓縮波; 종파)와 변형파(變形波; 횡파), 모두를 전달하지만 그 아래쪽 물질에 전달되는 것은 압축파뿐이다. 이 사실에서 위쪽의 물질은 고체이고 아래쪽은 액체임을 알 수 있다. 또한 압축파가 이 불연속면보다 위 물질을 진행하는 속도는 아래 있는 물질에 비하여 빠르다. 이것은 아래 물질 쪽이 위 물질에 비해 힘에 대해 변형하기 쉽다는 것을 나타낸다. 전 세계의 관측소에서 받은 무수한 지진기록을 상세히 해석해서 지구 내부의 밀도와 깊이의 관계도를 만들 수 있다(그림 5-2). 그 밀도를 연구실의 가압실험(加壓實驗)에서 조사한 밀도와 비교해 보면 불연속면보다 위 물질의 밀도는 마그네슘·규산염(마그네슘 산화물과 규소 산화물로 되는 광물)으로 예상되는 값이며, 아래쪽은 높은 압력하에서 금속철로 예상되는 밀도로 되어 있다. 결론은 분명하다. 소행성의 경우와 똑같이 지구는 마그네슘·규산염의 맨틀과 철을 주로 하는 핵으로 되어 있음에 틀림없다. 소행성의 금속핵과는 달라서, 지구핵은 지금도 녹아 있는 채 그대로 있다.

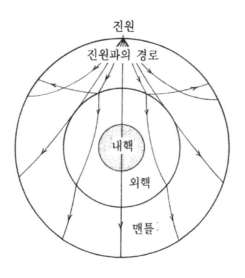

진원

진원파의 경로

내핵

외핵

맨틀

그림 5-1 | 지진파의 전달방법

진원에서 두 종류의 파가 지구를 전달해 간다. 압축파(진행 방향에 전후로 진동한다)와 변형파
(진행 방향에 직각으로 진동한다)이다. 변형파는 액체 안쪽으로는 전달되지 않는다. 핵을 전달
하는 것은 압축파뿐이기 때문에 적어도 외핵은 액체이다. 핵물질의 상태 외에 내부의 밀도분포
도 지진학에서 구하고, 핵과 맨틀의 평균 화학조성을 아는 데 큰 도움이 된다

　이 가설은 여러 가지 방면에서 확인할 수 있다. 맨틀에서 표층의 지각
으로 돌출되었기 때문에 채취할 수 있었던 암석을 조사해서 현무암질 운
석 에이콘드라이트와 비슷한 화학조성을 얻을 수 있다. 또한 지구자기장
은 지구의 심부에 녹은 금속의 소용돌이〔渦流〕가 있으면 지구자기장은 설
명이 가능하다(그림 5-3). 깊이 2,900㎞ 압력하에서의 금속철의 융해온도
는 마그네슘·규산염보다 상당히 낮기 때문에 고체의 규산염이 액체철과
접하고 있어도 이상하지 않다. 지구의 모양은 편구(扁球)이며 양극 쪽이 약

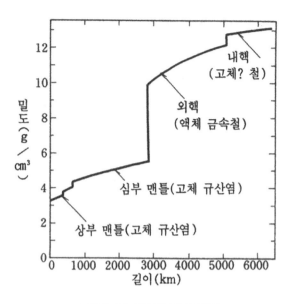

그림 5-2 | 지구 내부의 밀도분포

중심(깊이 6,300km)의 밀도는 약 13g/cm³, 핵맨틀 경계층(2,900km)의 바로 안쪽은 10g/cm³, 2,900km에서는 밀도 10g/cm³에서 5.5g/cm³로 불연속 변화가 있어 액체의 철핵과 고체의 규산염맨틀의 경계를 나타낸다고 보인다. 핵 및 맨틀 영역에서 밀도가 조금씩 변해가는 것은 깊이와 함께 상부의 물질 무게가 걸리기 때문이다. 중력에 의한 압축이 없을 때 액체의 철의 밀도는 7.5g/cm³, 고체 규산염은 약 3.3g/cm³이다

간 찌그러져 있고 적도가 약간 부풀어 있다. 이런 모양은 회전하는 행성이라면 예상되는 것이지만, 실제로 편평(扁平)의 경우는 지구의 질량이 중심을 향해서 집중하고 있지 않으면 설명할 수 없다.

이상과 같이 설득력이 센 여러 가지 증거가 있기 때문에 앞에 보인 지구 구조는 널리 믿어지게 되었다.

잠깐 옆길로 나가 앞에 든 지구의 철의 함유량(3장, 〈표 3-6〉)은 어떻게

구하는지 살펴보자. 지금까지의 지구물리학적 방법에 의하면 지구핵의 질량은 1.87×10^{27}g, 맨틀은 4.11×10^{27}g으로 추정된다. 지각, 바다와 대기는 합해서 0.01×10^{27}g밖에 되지 않는다. 맨틀물질이 철을 함유하고 있는 비율은 심층에서 솟아오른 용암을 조사해 추정할 수 있고 무게로 8%이다. 핵의 철 함유율은 85%로 추정된다(나머지는 니켈과 아마도 얼마 간의 황). 이렇게 하여 다음과 같이 된다.

지구핵을 만드는 철의 질량　　1.6×10^{27}g

맨틀 중의 철의 질량　　　　0.2×10^{27}

철의 총질량　　　　　　　1.8×10^{27}

지구의 질량　　　　　　　6.0×10^{27}

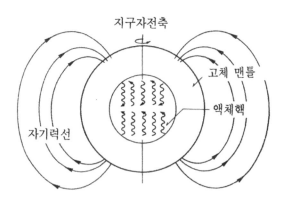

그림 5-3 | 지구자기장을 낳는 액체철의 다이나모 작용

다이나모 작용의 상세한 기능은 불명하지만, 여기에 그린 그림에서는 전기 전도성을 가지는 핵의 액체금속이 나선상의 회전류(回轉流)를 하고 있다고 한다

160

따라서 지구 물질 전체를 평균하면 철은 30%라는 큰 비율을 차지한다.

금성이나 수성에도 핵은 있을까?

금성과 수성은 수정밀도(修正密度)로서 보면 상당량의 금속철을 함유하지만 행성의 중심부에 집중해 있는가 어떤가는 아직 확인되어 있지 않다. 그것을 조사하는 한 가지 방법은 탐사기를 보내서 행성의 표면에 지진계를 설치하는 것이다. '행성 지진'을 조사하게 되면 지구와 같은 분석을 할 수 있지만 아직 계획되어 있지 않다. 간접적으로는 행성 주위의 자기장을 탐색하거나 극 방향의 편평도를 재면 모양을 알 수 있다고 보여진다. 지금까지는 금성과 수성에서는 자기장은 관측되지 않고 극 방향의 편평도도 아주 정밀하게 측정하지 못했다. 금성이나 수성은 자전이 느리기 때문에(3장 〈표 3-1〉에 나타냈듯이 수십 일) 지구와 같은 편평도를 예상하기 곤란하다. 행성핵에 소용돌이가 생기기도 하고 극 방향에 확실한 찌그러짐이 나타나려면 현재의 금성이나 수성보다 훨씬 빠른 자전이 필요하다.

철핵의 존재가 맨틀의 화학조성을 정했다

액체철에는 여러 가지 금속원소가 용해되어 들어간다. 니켈은 철 이상으로 금속성이 강한 원소이다. 그 때문에 지구 전체로 보면 칼슘이나 알루미늄과 같은 존재도가 있는데도 대부분은 핵의 철에 녹아 사람의 손이 미치지 않는다. 지표의 암석에는 니켈이 적다. 니켈의 공업적인 수요를 충당하는 중요한 광상(鑛床)은 얼마간의 수가 알려져 있을 뿐이다. 지구의 금·은 백금도 또한 철핵이 생겼기 때문에 맨틀에서 사라져 버리고 원래 희귀한 원소가 더욱 귀중한 것이 되었다. 6장에서 기술하겠지만 지구의 이리듐도 대부분이 핵 가운데로 옮겨갔다. 이러한 사실을 바탕으로 6,500만 년 전에 소행성 또는 혜성이 지구에 충돌한 사실이 증명되었다. 대량으로 있어야 할 지구의 유황도 핵 가운데서 황화철이 되어 안정된 형태로 뭉쳐진 것으로 보인다. 이것은 인류에게는 다행한 일이다. 보통의 황화합물 중에는 생물에게 독성을 미치는 것이 여러 개나 있기 때문이다.

지구물질의 30%를 차지하는 철의 대부분이 금속철의 형태로 중심핵에 모였기 때문에 맨틀이나 지각의 광물 조성에 커다란 특징이 나타났다. 모든 철이 산화물의 형태가 되어 맨틀에 들어 있다면 지구의 모습은 지금과는 아주 달라졌을 것이다.

산화철의 비율에 의해 맨틀의 광물 조성에 어떤 특징이 나타났는가 구체적으로 설명하려고 한다.

이산화규소, 산화마그네슘과 산화철(SiO_2, MgO, FeO)의 혼합물을 도가니에서 녹인 후 냉각해서 고화시키면 정출되는 것은 광물의 집합으로서, 산화물의 혼합비에 따라 크게 세 가지 유형으로 나뉜다. 첫째는 감람석과 휘석 결정의 집합으로 되어 있는 경우이다. 감람석, 휘석은 다음의 화학식으로 나타낼 수 있다.

감람석 (Fe, Mg)$_2$SiO$_4$
휘석 (Fe, Mg)SiO$_3$

어느 쪽의 광물에서도 성분원소인 철, 마그네슘, 규소, 산소는 결정구조 내에서 각각 자리 잡기 쉬운 위치(원자의 크기와 띠고 있는 전기로 정한다)에 서로 어울러서 자리 잡고 있다. 즉 플러스 전기 두 가지를 띤(2가라 한다) 양이온이 자리 잡는 위치가 있다. 그곳에는 철이온이나 마그네슘이온(Fe^{++}, Mg^{++})의 어느 쪽인가가 자리 잡고 있다. 또한 4가의 양이온이 자리 잡는 위치가 있고, 규소이온(Si^{++++})에 한해서 차지하는 곳이 있다. 또한 2가의 음이온에만 허락된 위치가 있어 산소이온(O$^-$)이 그 자리에 온다.

다 만들어진 광물은 전체로서 전기적으로 중성(中性)이기 때문에, 플러스 전기의 수는 마이너스 전기의 수와 똑같지 않으면 안 된다. 그 때문에 도가니의 액체가 응고해서 감람석과 휘석의 집합결정이 만들어지는 것은 액체 중의 철과 마그네슘을 합한 수가 규소 수의 2배 이하 1배 이상의 범위에 있을 때이다(2배라면 감람석, 1배라면 휘석만이 정출된다). 이 사이에 있으면 원자수의 비율에 따라 두 종류의 광물이 여러 가지 비율로 만들어진다.

두 번째는 휘석과 석영과의 광물의 집합이 되는 경우이다. 석영의 화학식은 SiO$_2$이며 규소원자의 네 개의 플러스 전기와 산소원자 두 개의 마이너스 전기가 하나로 손잡고 있다. 액체광물이 이 조합으로 응고하는 것은 철과 마그네슘을 합한 수가 규소수에 대해 1배 이하일 때이다. 이때는 철과 마그네슘 전부가 휘석을 만드는 데 사용된 후, 아직 규소가 남아 있어 바로 그것이 석영이 된다.

세 번째는 감람석과 우스타이트가 공생하는 경우이다. 우스타이트의

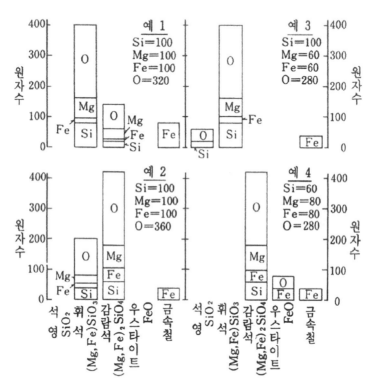

그림 5-4 | 행성의 조성광물을 만든다

다음의 규칙에 의할 것

1) 원자 전부를 사용해 5종의 광물 중 3종류만 만든다
2) 각 광물 중 원자수의 비율은 화학식대로 해야 하지만 감람석과 휘석과는 철과 마그네슘이 어떤 비율이 되어도 좋다

화학식은 FeO이다. 이 광물에는 2가 양이온 철이 차지하는 위치와 2가의 음이온 산소가 차지하는 위치가 있다. 도가니의 액체가 응고해서 제3의 광물쌍이 생기는 것은 철과 마그네슘을 합한 수가 규소수의 2배를 넘었을 때이다. 2배의 비율로 모든 산화규소(와 마그네슘)가 감람석을 만든 후 아직 철이 남게 되면 그것이 우스타이트가 된다.

지구물질은 대체로 철과 마그네슘을 합한 원자수가 규소수의 2배를 이룬다. 따라서 '모든' 철이 산화물의 형태로 되어 (맨틀에) 남으면 주된 광물은 감람석으로서 생기며, 우스타이트도 생길 것이다. 그 감람석은 철과 마그네슘을 거의 동수(同數) 함유한다. 그것과는 반대로 대부분의 철이 금속으로 되어(중심핵을 만들어) 있으면 산화물로서의 철·마그네슘의 합과 규소와의 비는 1을 약간 넘는다. 주된 광물은 휘석이고 그 휘석은 마그네슘이 풍부하고 철은 조금밖에 포함되지 않는다. 또한 소량이지만 감람석이 만들어지기도 한다.

이러한 광물의 차이는 예로서 콘드라이트 운석의 종류 중에 나타난다. 철이 거의 전부로 금속과 황화물의 유형으로 되어 있는 엔스타타이트 콘드라이트라는 것이 있다(〈그림 3-3〉 참조). 이 종류의 운석의 성분광물에는 감람석은 찾아볼 수 없다. 주된 규산염광물은 휘석이고 그 휘석은 철에 비해 마그네슘이 풍부하다. 이것과는 대조적으로 금속철이나 황화물의 철이 철 전체의 20%에 그치는 감람석·피조나이트 콘드라이트라고 부르는 운석에서는 주된 규산염광물은 감람석으로서, 그 감람석을 만드는 철과 마그네슘과의 비율은 35% 내지 65%이다.

〈그림 5-4〉는 지금까지 기술한 것을 이해하는 데 도움이 되리라 생각된다. 이것은 네 가지 원소, 철·마그네슘·규소·산소의 혼합비를 정해두고 다섯 종류의 광물에서 어느 세 종류의 조합이 생기는가 맞추는 게임이다. 세 종류의 광물 각각에서 원소의 비율이 어떻게 되어 있는가도 눈여겨 볼 일이다.

이처럼 행성의 조성물질 중 철이 금속철로 되어 있으면 중심핵이 생길 뿐만 아니라 맨틀의 광물조성이나 맨틀 내의 미량금속의 존재도까지 바꾸어 버린다. 이러한 특징은 지구 표층인 지각의 조성에도 영향을 미치고 있다.

중심핵은 어떻게 해서 생기는가?

행성의 탄생에 관해서 여러 가지 생각이 있듯이 중심핵의 생성 과정에 대해서도 여러 가지 설이 있다. 한쪽 편에서는 지구는 처음부터 층으로 나누어져 성장하여 우선 금속철이 모이고 그 주위에 산화물이 쌓인 것이라고 주장하는 사람들이 있다. 반대 측에서는 금속과 산화물이 서로 뒤섞인 후 두 층으로 나뉘어진 것이라고 생각하는 사람들이 있다.

후자가 보편적인 생각이다. 이 경우 갓 태어난 지구는 금속철과 규산염 광물과 같은 혼합물이었기 때문에 철은 뒤늦게 녹았을 것이다. 녹지 않으면 철만 중심에 모이는 것은 어려운 일이다. 여기서 해결해야 할 가장 큰 문제는 지구를 녹인 열은 어디에서 왔는가를 밝히는 것이다. 두 가지 견해가 있다. 하나는 성운물질이 지구에 내려 쌓였을 때 해방된 중력에너지이며, 다른 한 가지는 행성물질 중에 함유되어 있는 방사성 동위원소의 붕괴에 따라 생기는 열에너지이다.

첫 번째 열은 크기에 있어서는 확실하게 충분하다고 할 수 있다. 행성이 생길 때 해방되는 중력에너지 전부가 행성 내에 비축되었다고 하면 수성의 경우, 온도가 4,100℃까지 달하고 화성은 5,900℃, 금성은 25,000℃, 지구는 29,000℃나 된다.[8]

금속철은 상압하에서는 1,535℃에서 융해한다. 지구 내부와 같은 고압하에서의 융점은 이것보다 1,000℃ 또는 좀 더 높은 온도이지만, 어느 쪽이라도 충돌에 의해서 공급되는 열은 철을 녹일 수 있다.

그렇지만 그 열이 밖으로 도망가지 않고 모두가 행성 내에 축적되었다고 생각해도 좋을 것인가? 하나하나의 미행성이 충돌하는 것은 성장해 가는 행성의 표면에서 일어나는 일이다. 충돌에 의해서 생긴 크레타(구, 丘)는 계속해서 일어나는 충돌로 흩뿌려지는 대량의 물질에 점점 뒤덮이지만, 그것보다 빠르게 열은 밖으로 도망쳐 버린다. 충돌 에너지 중에서 어느 만큼 도망가고 어느 만큼 행성에 남는가를 짐작하는 데는 미행성 크기의 분포와 충돌해 오는 양-어느 쪽도 아직 불명확-에 대한 지식이 필요하다.

4장에서 말했듯이 콘드라이트 운석이 생겼을 때는 소멸해 버렸으리라

---

[8] 행성의 질량이 클수록 물체의 충돌로 해방되는 에너지는 많아진다.

생각되었던 방사성 핵종이 아직 존재하고 있는 증거가 있다. 방사성 핵종이 행성 안에 둘러싸이면 붕괴열 때문에 온도가 수천 도로 올라가도 이상할 리 없다. 행성이 생긴 것이 언제였는가에 따라서 그것이 결정된다. ^{26}Al의 반감기는 겨우 73만 년이기 때문에 열원(熱源)으로서의 힘은 시간이 흘러감에 따라 재빨리 약해진다. 만약 운석이 탄생한 후 행성이 성장한 시간이 수백만 년이나 되었다고 하면 ^{26}Al의 효력은 없어진다.

뒷전으로 밀렸지만 또 다른 생각도 해보자. 원시성운에서 우선 철이 응고해서 금속철로 된 원시행성이 생겨난 후에 마그네슘, 규산염이 주위에 들러붙었다고 한다. 그렇다면 금속철의 응고온도와 마그네슘이나 규산염이 고화하는 온도 사이에는 뚜렷한 차이(불연속성)가 있을 법하다.

이상 핵의 생성에는 크게 두 가지 생각이 있지만, 행성이 생성되었을 때의 지배적인 조건을 잘 알고 있지 못하기 때문에, 어느 쪽인가를 결정짓는 것은 어려운 일이다. 의문은 아직 풀리지 않은 상태이다.

지구의 핵은 언제 형성되었는가

지구는 금속철과 마그네슘·규산염이 지저분하게 뒤섞인 채로 생겨나 미행성의 충돌에 의한 중력에너지의 열의 힘이나, ^{26}Al의 방사성 붕괴에 의한 원자핵에너지의 열의 힘으로 금속철을 분리한 것일까? 이 경우 중심핵이 생겨났다고 하면 지구의 역사 중 처음 단기간의 일이었다고 해야 한다.

그렇지 않다면 반감기가 긴 방사성 핵종인 ^{40}K, ^{238}U, ^{235}U, ^{232}Th의 붕괴열이 작용한 것일까? 그렇다면 지구의 온도를 철이 녹는 데까지 올리기까지에는 적어도 몇억 년은 필요했을 것이다. 즉 중심핵은 오랜 시간이 걸려서 생긴 것이 된다.

반감기가 긴 방사성 핵종의 딸물질이 이것에 관하여 무엇인가를 말해준다. 두말할 것 없이 지구의 핵은 지구가 생긴 뒤 바로 생겼으리라는 것이다. 하나의 자료는 ^{238}U, ^{235}U, ^{232}Th이 붕괴해서 생기는 납 동위원소의 양이 지구의 역사 중에서 어떻게 변해왔는가를 조사함으로써 얻을 수 있다.

몇 가지 설명하기 어려운 일들도 나오기 때문에 여기서는 요점을 간추려 설명하려고 한다.

코란담	Al_2O_3	$\simeq 1680\,^{\circ}K$
스피넬	$MgAl_2O_4$	$\simeq 1440\,^{\circ}K$
금속철	Fe	$\simeq 1360\,^{\circ}K$
감람석	Mg_2SiO_4	$\simeq 1350\,^{\circ}K$
휘석	$MgSiO_3$	$\simeq 1300\,^{\circ}K$
장석	$(K,Na)AlSi_3O_8$	$\simeq 1000\,^{\circ}K$
황화철	FeS	$\simeq 650\,^{\circ}K$

표 5-1 | 태양계 성운에서 고체가 응집하는 온도

(수소가스압 10^{-4}기압의 경우)

지구가 갓 생겼을 때 함유되어 있던 납의 대부분은 니켈이 그랬듯이 철에 뒤섞여서 중심핵으로 가라앉으리라는 것이 중요하다. 이와는 반대로 우라늄은 맨틀에 남는다. 그러면 중심핵이 생긴 뒤 맨틀 안에서는 우라늄에 비해 납의 비율이 크게 감소하게 된다. 따라서 맨틀 속의 ^{206}Pb, ^{207}Pb(둘 다 우라늄의 방사성 붕괴물)의 ^{204}Pb(붕괴생성물이 아니다)에 대한 비가 연대와 함께 변해가는 모습은 중심핵의 생성에 의해 큰 영향을 받게 된다. 운석에서 볼 수 있는 그 비의 값과 지구의 아주 오래된 암석의 납광물의 값을 비교한 결과 우라늄과 납이 분리된 연대는 지구사(地球史)의 처음 1억 년 사이였음이 밝혀졌다.

　　이것에 관해서는 1983년 파리의 클라우드 알레그레(Claude Allegre)가 더욱 알기 쉽게 측정한 한 가지 증거가 있다. 그것에 의하면 대기 중에 함유된 크세논 가스 중 크세논 129(^{129}Xe)의 비율에 비해 현재의 화산분출물에 밀폐되어 있는 크세논 가스 중 ^{129}Xe의 비율은 분명히 크다(표 5-2).

　　화산용암은 지구의 맨틀에서 온 암석이며 ^{129}Xe는 소멸 핵종 ^{129}I의 딸물질이다. 그렇게 하면 소멸 핵종의 영향이 대기 중의 ^{129}Xe에는 조금밖에, 맨틀 내부의 ^{129}Xe의 반감기는 겨우 1600만 년이기 때문에 이 차이가 생긴 것은 지구사의 극히 초기 1억 년 안팎의 일이다.

　　알레그레는 이것을 지구의 핵이 일찌감치 생긴 증거라고 주장했다.

　　왜냐하면 성운 안에 있던 ^{129}I가 모두 붕괴한 뒤 지구가 생겨났다고 하면 크세논 동위원소의 비는 어디서나 똑같아야만 한다. 그런데 대기와 용암에서의 ^{129}Xe의 비율이 다르다. 이것은 모핵종인 ^{129}I가 지구에 잡혀 있었기 때문이다.

그리고 다음과 같이 생각하면 잡혀 있었던 ^{129}I가 소멸해 버리는 것보다 빨리 지구는 녹았을 것이라고 이해된다.

크세논원	^{128}Xe	^{129}Xe	^{130}Xe	^{131}Xe	^{132}Xe
지구대기	470	6480	1000	5190	6590
하와이 현무암	455±10	6600±20	1000	5250±20	6590±30
대서양해저 현무암	459±15	7230±40	1000	5200±30	6660±90
인도양해저 현무암	169±20	6710±20	1000	4820±20	6620±20
태평양해저 현무암	470±10	6810±70	1000	5210±60	6620±70
갈라파고스 현무암	486±21	6790±70	1000	5180±50	6650±60
현무암/대기	차이 없음	현무암이 많다	–	차이 없음	차이 없음

표 5-2 | 새로운 용암의 크세논 동위원소 조성

^{130}Xe을 기준으로 하고 있다. 대기에 비해 현무암에서는 ^{129}Xe의 값이 크다. 그 밖의 차이는 없다

융해하게 되면 금속철은 지구 중심으로 옮겨 가고 지구물질에 갇혀 있던 대량의 기체물질은 표면으로 나오게 된다. 이렇게 한쪽에서 일어나면 다른 한쪽에서도 당연히 일어난다. 이때 처음 잡혀버린 요오드는 맨틀물질 중에 남을 것이다. 융해에 의해 핵과 맨틀 그리고 대기가 생기고, 처음에 있었던 철은 중심핵으로, 크세논의 대부분은 대기로 빠져나가고 요오

드는(붕괴하고 있는 도중의 ^{129}I도 포함) 거의 맨틀에 남아 있게 된다.

마침내 지구가 식고 고체지각이 생기면 맨틀은 대기로부터 차단된다. 이후 ^{129}I의 붕괴로 생긴 ^{129}Xe는 모두 맨틀에 남아, 거기에 있던 ^{129}Xe에 더해진다. 그리하여 맨틀에서는 대기보다도 ^{129}Xe의 비율이 커지게 된다.

알레그레가 말하는 줄거리를 그림으로 나타내 보자(그림 5-5). 지구가 생기고 나서 핵이 생기기(여기서는 설사 3,200만 년 후로 하더라도)까지 사이에

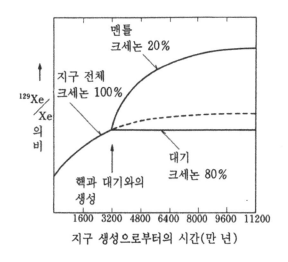

그림 5-5 | ^{129}Xe의 진화의 가상 경로

지구는 최초 등질의 천체이며, 크세논을 내부에 똑같이 포함하고 있다. 이 상태에서 크세논 전체에 대한 ^{129}Xe의 비율은 ^{129}I의 방사성 붕괴 때문에 점차 늘어간다. 어떤 때 지구는 녹아서 핵이 생긴다(3,200만 년 후로 했다). 맨틀 광물에 포함되는 가스는 이때 도망가서 대기를 만들고 크세논도 대기와 맨틀로 나뉘어져 간다. 대기 중의 ^{129}Xe은 그 이후 증가하지 않는다. 맨틀 중에서는 ^{129}I의 붕괴가 또한 계속되기 때문에 ^{129}Xe이 증가한다. 점선은 지구가 녹지 않는 경우의 ^{129}Xe의 변화 경로이다

지구가 처음 붙잡고 있었던 ^{129}I의 4분의 3은 붕괴한다. 생겨난 ^{129}Xe는 지구의 모든 크세논과 함께 섞인다. 핵이 생기는 과정에서 크세논의 80%(이것도 잠정적으로 골랐다)는 표면에 나와 대기의 성분이 된다. 나머지 20%는 도망가지 않고 맨틀에 남는다. 그리하여 아직 붕괴하고 있는 ^{129}I에서 생기는 ^{129}Xe가 거기에 보태진다. 그것은 2~3천만 년간 계속되어 크세논의 동위원소 조성이 변해 간다. 지구대기 쪽은 지각이 생겨 맨틀과 떨어지기 때문에 맨틀의 크세논이 들어오지 않고 크세논 동위원소의 조성은 변화하지 않는다. 이렇게 해서 크세논은 두 개의 저장고로 나누어 모이게 되고 각각 다른 ^{129}Xe의 비율이 생기게 된다.

지구는 처음부터 층을 이루어 생겨났다고 생각하는 사람들을 위해 공평해지도록 더 보태어 두자. 철층의 바깥쪽에 지구 가까이의 성운물질이 내려 쌓여서 맨틀이 생기고, 지구보다도 태양에서 먼 곳에 기원을 갖는 물체가 또다시 나중에 내려 쌓여서 대기가 생겼다고 생각해도 크세논 이상의 설명은 완전하게 할 수 있다. 아마 지구 근처의 성운물질과 태양에서 가장 먼 곳의 성운물질에서는 ^{129}Xe의 비율이 같지 않았을 것이다. 따라서 크세논 동위원소의 조성의 차이는 핵과 맨틀의 분리 사건이 없이도 일어날 수 있는 것이다.

지구의 표피-지각

우리가 밟고 있는 발밑 암석의 화학조성은 앞에서도(3장) 말했지만 맨틀과는 아주 다르다. 지구는 사과처럼 안쪽 부분과는 다른 얇은 표피에 쌓여 있다. 그 차이나 생성요인을 조사하는 것은 생명의 발전에서 이상적(理想的)이라 할 수 있는 환경이 지구상에 갖추어져 있는 이유를 이해하는 데 첫걸음이 된다. 지구가 원소의 존재도와 원소의 휘발성으로 정해져 버리는 단조로운 길을 밟고 지내온 것은 바로 지각이 존재하고 있기 때문이다.

이를테면 태양계의 화학진화가 소행성에서 볼 수 있는 정도에 지나지 않는다면 태양계를 찾는 우주인이 맞닥뜨리는 상황을 상상했으면 한다. 착륙지점은 행성 표면에서 일어나는 미행성의 충돌 때문에 마맛자국투성이인 암석 위였을 것이다. 암석은 거의 마그네슘, 규소, 산소만의 성분이고(철은 금속형으로 중심부에 잠겨 있다) 대기나 물, 석유, 광상(鑛床)은 없고 생물도 없다. 우주에서 온 침략자를 덮치는 것은 지루함과 고통스러운 환경뿐이다. 돌을 쌓아 올린 거친 지붕 이외의 일체의 물자는 가지고 오든가 힘겨운 노력을 들여 암석에서 분리 추출할 수밖에 없다.

지구는 그와는 다르다. 지구의 아름다운 경관이나 아주 걸맞은 환경도 실은 생물이 스스로의 힘으로 만들어 낸 것이다. 그런데 생명의 발생이 없었을 때도 우주의 침략자는 지구가 먼저 말한 행성보다 훨씬 살 만한 곳이라고 생각했을 것이다. 우리도 뒷장에서 지구가 생명을 키우는 훌륭한 곳으로 된 요인을 살펴보려고 한다. 주된 인자(因子)는 지구의 크기와 태양에서의 거리, 자전속도, 원시성운에서 얻어낸 휘발성 물질의 양에서 찾아낼 수 있음을 알 수 있을 것이다.

제일 먼저 지각에서 대륙(大陸)이라고 말하고 있는 부분에 대해 기술해 보자. 대륙은 지구의 표면에서 바다보다 위로 나온 부분이라는 설명만으로는 충분치 않으며 그 밖에 분명히 구별되는 특질을 가지고 있다. 바다를 메마르게 하면 해저에 하이웨이를 통해 휴가 드라이브도 즐길 수 있지만, 그곳에서 볼 수 있는 풍경은 육지에서 보아왔던 것과는 전혀 다를 것이다. 지질학에 의하면 지각의 해저 부분은 대륙보다도 낮다고 하는 것뿐만 아니라, 화학조성이 육지와는 근본적으로 다르다.

육지는 주로 화강암(花崗巖)이라 부르는 암석으로 되어 있으나 해저는 현무암(玄武岩)이라는 암석으로 되어 있다. 화강암은 지구의 맨틀 물질과는 아주 다른 화학조성을 갖고 있다(표 5-3).

이를테면, 알루미늄과 나트륨은 맨틀에서는 조역(助役)이지만, 화강암에서는 훌륭한 주역(主役)을 연출하고 있다. 더욱이 칼륨 등은 맨틀에서는 흔적량에 지나지 않으나 육지의 지각에서는 중요한 광물성분이다. 한편, 철과 마그네슘은 화강암에서는 맨틀에 비해 훨씬 존재도가 작다. 이와는 대조적으로 해저를 만드는 현무암의 지각은 육지에 비하면 맨틀과 비슷하다.

암석의 연령을 조사해 보면, 여기서도 대단한 차이가 눈에 띈다.[9] 바다

---

[9] 화성암(火成岩)의 연령이라는 것은 암석이 액체(마그마)로부터 결정이 생긴 이후의 시간이다. 변성암(變成岩)은 열변성(熱變成)을 받은 후의 연대, 퇴적암(堆積巖)은 퇴적했을 때부터의 연대이며, 모든 방사성 동위원소의 모래시계를 근거로 해서 정한다.

의 현무암은 연령 1억 년을 넘어선 오래된 것은 드물다. 따라서 거의 지구 전 역사를 통해 최근 2%의 시간 사이에 생긴 것이다. 그런데 대륙의 화강암 연령은 38억 년 전까지 거슬러 올라가 넓은 범위에 미치고 있다.

		콘드라이트 운석	지구 맨틀	현무암	화강암
산소	O	32.3	43.5	44.5	46.9
철	Fe	28.8	6.5	9.6	2.9
규소	Si	16.3	21.1	23.6	32.2
마그네슘	Mg	12.3	22.5	2.5	0.7
알루미늄	Al	1.4	1.9	7.9	7.7
칼슘	Ca	1.3	2.2	7.2	1.9
나트륨	Na	0.6	0.5	1.9	2.9
칼륨	K	0.1	0.02	0.1	3.2
그외		5.9	1.7	2.7	1.6

표 5-3 | **지구물질의 화학조성의 비교**(중량 퍼센트)

따라서 지구 표피의 이야기를 할 때는 젊고 저지대인 해저의 현무암과 오래되고 높이 솟아오른 대륙의 화강암을 나누어 두어야 한다. 서로 확실히 다른 물건이기 때문이다.

화산에서 알 수 있는 것

좀처럼 기원(起源) 이야기를 하기 힘들지만 또 한 가지 지구 안에서 솟아 오르는 녹은 암석(마그마)에 의해 알 수 있는 사실을 먼저 말해 둔다. 화산 활동은(그림 5-6) 지구의 내부가 지금도 매우 뜨거운 것임을 알 수 있는 가장 빠른 방법으로 길잡이가 된다. 용암이 녹는 데는 1,000℃를 넘는 열이 필요하다. 46억 년에 걸쳐 지구의 내부가 식어 버리지 않은 것은 왜일까?

사실은 반감기가 긴 방사성원소 ^{40}K, ^{235}U, ^{238}U, ^{232}Th의 방사성 붕괴

그림 5-6 | 활화산의 분포

화산대는 지각을 만드는 플레이트와 플레이트와의 경계역에 모이는 경향이 있다

로 해방되는 에너지에 의해 지금도 지구는 뜨거워지고 있는 것이다. 방사능의 열은 고체의 맨틀을 고온으로 유지하고, 더욱 지구의 내부에서 밖으로 방출하기 위해 큰 맨틀 대류세포(對流細胞)를 움직이고 있다. 지구물리학에 의하면 맨틀의 물질은 어디까지나 고체라고 한다. 시리 빠데('귀신'점토)를 굳은 지면에 부딪치면 튀어 올라 탄성을 보이듯이 맨틀물질은 지진파의 진동을 탄성체로서 전한다. 그런데 시리 빠데를 그냥 놓아두면 깔개의 틈새로 알맞게 스며들어 가듯이 맨틀 물질은 작은 힘이라도 오랫동안 계속 받으면 흘러나와 버린다.

맨틀 물질의 흐름은 대규모의 대류세포를 만들고 있다. 맨틀물질은 그 위에 타고 있는 지각을 향해 떠오르고 지각을 태운 채 옆으로 흘러 다른 곳에서 다시 밑으로 잠겨버린다(그림 5-7). 맨틀의 열은 대류와 함께 물질을 맨틀의 최상부로 운반한다. 여기에서 열은 열전도에 의하기도 하고(열이 내화 벽돌을 꿰뚫고 나가는 것처럼) 지각의 갈라진 틈을 순환하는 물에 운반되기도 해서 지표에 이르게 된다.

지표에서는 방사에 의해 공간으로 나아간다. 표면에 나타나는 열량은 $1cm^2$당 1년간에 약 40cal이다. 태양에서 오는 방사열에 비하면 겨우 6000분의 1에 지나지 않는다. 그러나 그 소량의 방사능열이야말로 오랜 지질시대를 통하여 지구 활동을 계속 일으켜 온 원동력이 된다.

방사능의 열이 맨틀 대류세포의 위에 있는 물질을 통해서 나오기 때문에 맨틀 최상부의 물질은 거의 융점에 달하는 고온으로 된다. 실제로 지각 아래의 여기저기에 녹은 맨틀이 생겨난다. 그중에는 지각을 뚫고 지표까지

나오는 것도 있고 지표까지는 나오지 못하고 지각 내에 멈추어 고화하는 것도 있다. 어느 쪽이든 맨틀에서 만들어진 용융물질(溶融物質)은 결국은 지구의 외각(外殼)을 만들어 내기도 하고 외각을 유지하는 역할을 다하기도 한다. 화산 활동이 일어난다고 하는 것은 지금도 지각이 새롭게 생기기도 하고 변천해 가고 있음을 나타내고 있는 것이다. 소행성과 수성에서는 지각 활동이 오랜 옛날에 멈춰 버렸다. 그래서 지질학적으로 죽어 있는 것이다.

바다의 지각은 이렇게 해서 생겼다

해양저(海洋底)를 만드는 지각은 처음에는 맨틀 물질이 아래에서 올라오는 대역(帶域)에서 생기기 시작하여 그것이 넓혀져 생긴 것이다(그림 5-7). 고온의 물질이 맨틀 깊은 곳에서 떠오르면 위에 실은 물질의 무게에 상당하는 만큼 압력이 줄어든다. 압력이 줄면 물질이 녹기 때문에 그에 필요한 온도는 낮아진다.[10] 따라서 고체물질이 올라오는 데 따라 소량의 '분비액'이 암석의 열목(裂目)에 나타난다. 맨틀물질이 지각의 바로 아래까지 이르렀을 때 액상(液相)의 비율은 전체의 15%에 달한다. 액상은 주위의 고체물질보다도 밀도가 작기 때문에 분리되어 위에 있는 지각 안에서 떠오른다.

해저 지각에는 아래에 있는 맨틀 세포가 두 손으로 나뉘어지는 곳에

---

[10] 지구상 대부분의 물질의 융점은 압력이 증가하면 높아진다고 할 수 있다. 예외는 물뿐이다.

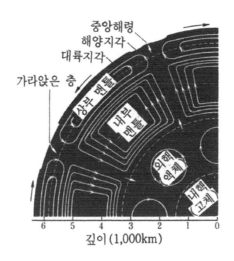

중앙해령
해양지각
대륙지각

가라앉은 층

상부 맨틀
하부 맨틀
외핵 액체
내핵 고체

깊이 (1,000km)

그림 5-7 | 지구 내부의 대규모 운동

방사능의 열을 운반하기 위해 지구 내부에서는 대규모의 대류운동이 일어나고 있다. 외핵에서는 금속액체의 대류로 전류가 생기고, 발전기와 비슷한 작용(다이나모 작용)에 의해 지구자기장을 만들어 내고 있다. 상부 맨틀의 대류는 지각의 플레이트 구조를 움직인다. 녹은 맨틀은 화산 활동에 의해 바다 중앙부의 융기 그 외의 장소에서 표면에 나온다. 고체물질은 침전대에서 내부로 돌아온다

장대한 지각의 열목(裂目)이 생긴다. 액상의 물질(마그마)은 그곳을 통해서 솟아오른다(〈그림 5-7〉 참조). 그리고 끊임없이 양쪽으로 떨어져 가는 지각 경계의 틈을 메우고 고화해서 새로운 바다의 지각을 만든다. 마침 겨울의 추운 날에 강에서 2개의 유빙(流氷)이 흘러갈 때 생긴 틈을 얼음이 채워서 메워지는 것과 비슷하다. 새로운 바다의 지각은 경계의 틈을 따라 1년에 수 센티미터씩의 비율로 생긴다.

표면에 올라온 액체(마그마)와 맨틀에 남는 고체물질의 사이에는 뚜렷

한 조성의 차이가 생긴다. 맨틀을 만드는 광물 중에 낮은 온도에서 용해하는 것이 들어 있어 용융점이 낮은 것들이 먼저 녹기 때문에 액체의 화학조성은 고체인 채 남은 물질과 같지 않아지기 때문이다. 또한 어떤 원소도 액상과 고상 모두에 나누어져 들어간다. 어느 쪽으로 얼마만큼 들어가는가 하는 것은 원소의 화학적인 특성에 따라 달라진다. 이러한 배분을 정하는 상세한 규칙성은 매우 복잡하며 전문가로서도 세부까지 모두 알고 있는 것은 아니지만, 중요한 표적에 대해서는 간단히 말할 수 있다.

원자의 크기라고 하는 것은 원소에 따라서 현저하게 다르지 않다고 3

3 Li+ 0.78	4 Be++ 0.34				8 O= 1.32	9 F− 1.33	10 Ne —
11 Na+ 0.98	12 Mg++ 0.78	13 Al+++ 0.57	14 Si +++ 0.39	15 P ++++ 0.35	16 S= 1.74	17 Cl− 1.81	18 Ar —
19 K+ 1.33	20 Ca++ 1.06		26 Fe++ 0.82			35 Br− 1.96	36 Kr —
37 Rb+ 1.49	38 Sr++ 1.27					53 I− 2.20	54 Xe —
알칼리 금속	알칼리 토류 금속					할로겐	희유기체

그림 5-8 | 원소의 이온반경

화학주기율표에 따라서 배열되어 있다. 4각의 위의 좌측 숫자는 원자번호, 플러스와 마이너스 기호는 각 원소의 지각 및 맨틀에서 보통 이온의 전기의 종류와 수. 이온반경의 단위는 10^{-8}cm

장에서 설명했다. 행성의 평균 밀도를 알게 되면 행성의 화학조성도 짐작할 수 있었다. 역으로 말하는 것 같지만 여기서는 크기의 차이는 작다고 해도 어느 이온이 액체로 가고 어느 것이 고체인 채 남는 것인가를 이해하는 데 충분한 조건을 제시해 줄 수 있을 것이다.

〈그림 5-8〉에는 이에 관련된 원소의 이온반경을 표시했다. 순서에 따라서 나열되어 있는 화학주기율표(그림 5-9)에서는 두 가지 경향을 분명히 알 수 있다. 우선 전기수가 같은 이온(세로열)은 원자번호가 클수록(밑으로) 반경이 커진다. 다음으로 전자구조(이온 내부의 전자총수)가 같은 이온(가로열)은 플러스 전기수가 늘수록(오른쪽) 반경이 작아진다.

예를 들면 칼륨, 나트륨, 칼슘이온(K^+, Na^+, Ca^{++})은 크고, 마그네슘, 철이온(Mg^{++}, Fe^{++})은 중간, 알루미늄, 규소이온(Al^{+++}, Si^{++++})은 작다.

좀 오래된 일이 지만 노벨상 수상 화학자 라이너스 폴링(Linus Pauling)은 산화물로 된 광물의 이온의 배열(배위구조)에 간단한 규칙성이 보이는 것을 지적했다. 즉, 광물 중에서는 플러스 전기를 띤 금속이온 주위에 마이너스 전기를 띤 여러 개의 산소이온이 연결되어 정다면체를 만든다(그림 5-10). 이때 중심 금속이온의 크기에 방해받기 때문에 산소이온끼리는 서로 접촉하지 않는다(산소이온은 중심의 금속이온과 접하고 있지만 다른 산소이온과는 떨어져 있다).

이러한 규칙성 하에서 산소이온수가 최대로 되려는 다면체가 생긴다. 어떤 다면체가 될까는 간단한 삼각법을 사용하면 알 수 있다. 반경이 작은 규소이온은 산소이온 4개를 서로 접촉시키지 않고 간직할 수 있지만(정사면체의 구조), 6개는 안 된다. 마그네슘, 철의 양이온은 산소이온 6개를 보유할 수(정팔면체) 있지만, 8개(입방체)는 안 된다. 그래서 광물이 생길 때 어느 것인가의 이온 존재도가 부족한 경우 본래의 이온 대신에 크기가 같은 다른 이온이 대역(代役)을 맡는 경향이 있다고 폴링은 지적했다. 예를 들면 감람석이나 휘석 중에서 마그네슘과 철이온이 자유롭게 서로 들락날락하는 것은 이 때문이다.

폴링의 규칙은 어느 원소가 액상(液相)으로 농축되고 어느 원소가 고상(固相)으로 남기 쉬운가를 이해하는 데 도움이 된다. 칼륨이나 나트륨 등의 큰 이온은 맨틀 광물 내에서는 바로 안정하기 좋은 자리가 없다. 그 때문에 어디로 가는가 선택하는 경우에는 액체를 택한다. 따라서 맨틀 내부에 부분적으로 녹은 상태의 암석이 생기는데, 반경이 큰 원소의 존재도가 지각에서는 많아지는 원인이 된다. 이것을 처음 주장한 것은 지금은 고인이 된 폴 가스트(Paul Gast)이다. 폴이야말로 필자에게 지구과학의 재미를 가르쳐 준 사람이므로 행성화학에 관한 여러 가지 개념의 발전에 폴이 중요한 역할을 다한 것을 이 기회를 빌어 밝혀두고자 한다.

원소의 장주기형 주기율표

주기 \ 족	1	2
1	1.00794 $_1$H 수 소	
2	6.941 $_3$Li 리 튬	9.01218 $_4$Be 베 릴 륨
3	22.9898 $_{11}$Na 나 트 륨	24.305 $_{12}$Mg 마그네슘

12.011 ···· 원자량
원자 번호 ······ ₆C ····· 원소 기호
원소명 ······ 탄 소

주기 \ 족	1A	2A	3A	4A	5A	6A	7A	
4	39.0983 $_{19}$K 칼 륨	40.08 $_{20}$Ca 칼 슘	44.9559 $_{21}$Sc 스칸튬	47.88 $_{22}$Ti 티 탄	50.9415 $_{23}$V 바나듐	51.996 $_{24}$Cr 크 롬	54.9380 $_{25}$Mn 망 간	55.847 $_{26}$Fe 철
5	85.4678 $_{37}$Rb 루비듐	87.62 $_{38}$Sr 스트론튬	88.9059 $_{39}$Y 이트륨	91.224 $_{40}$Zr 지르코늄	92.9046 $_{41}$Nb 니오브	95.94 $_{42}$Mo 몰리브덴	(98) $_{43}$Tc 테크네튬	101.07 $_{44}$Ru 루테늄
6	132.905 $_{55}$Cs 세 슘	137.33 $_{56}$Ba 바 륨	란탄족 원소* 57-71	178.49 $_{72}$Hf 하프늄	180.9479 $_{73}$Ta 탄탈	183.85 $_{74}$W 텅스텐	186.207 $_{75}$Re 레 늄	190.2 $_{76}$Os 오스뮴
7	(223) $_{87}$Fr 프랑슘	(226.025) $_{88}$Ra 라 튬	악티늄족 원소** 89-103					

6	란탄족 원소*	138.906 $_{57}$La 란 탄	140.12 $_{58}$Ce 세 륨	140.908 $_{59}$Pr 프라세오디뮴	144.24 $_{60}$Nd 네오디뮴	(145) $_{61}$Pm 프로메튬
7	악티늄족 원소**	(227.028) $_{89}$Ac 악티늄	(232.038) $_{90}$Th 토 륨	(231.0359) $_{91}$Pa 프로트악티늄	238.029 $_{92}$U 우라늄	(237.048) $_{93}$Np 넵투늄

그림 5-9 | 화학주기율표

세로로 늘어선 원소는 전자구조가 비슷하고 그 때문에 화학성이 비슷하다

184

				3	4	5	6	7	0
									4.00260 $_2$He 헬 륨
□ 금속 원소 □ 비금속 원소 □ 전이 원소 (그 외는 전형 원소)				10.81 $_5$B 붕 소	12.011 $_6$C 탄 소	14.0067 $_7$N 질 소	15.9994 $_8$O 산 소	18.9984 $_9$F 플루오르	20.179 $_{10}$Ne 네 온
				26.9815 $_{13}$Al 알루미늄	28.0855 $_{14}$Si 규 소	30.9738 $_{15}$P 인	32.06 $_{16}$S 황	35.453 $_{17}$Cl 염 소	39.948 $_{18}$Ar 아르곤

8			1B	2B	3B	4B	5B	6B	7B	0
58.9332 $_{27}$Co 코발트	58.69 $_{28}$Ni 니 켈	63.546 $_{29}$Cu 구 리	65.39 $_{30}$Zn 아 연	69.72 $_{31}$Ga 갈 륨	72.59 $_{32}$Ge 게르마늄	74.9216 $_{33}$As 비 소	78.96 $_{34}$Se 셀 렌	79.904 $_{35}$Br 브 롬	83.80 $_{36}$Kr 크립톤	
102.906 $_{45}$Rh 로 듐	106.42 $_{46}$Pd 팔라듐	107.868 $_{47}$Ag 은	112.41 $_{48}$Cd 카드뮴	114.82 $_{49}$In 인 듐	118.71 $_{50}$Sn 주 석	121.75 $_{51}$Sb 안티몬	127.60 $_{52}$Te 텔루르	126.905 $_{53}$I 요오드	131.29 $_{54}$Xe 크세논	
192.22 $_{77}$Ir 이리듐	195.08 $_{78}$Pt 백 금	196.967 $_{79}$Au 금	200.59 $_{80}$Hg 수 은	204.383 $_{81}$Tl 탈 륨	207.2 $_{82}$Pb 납	208.980 $_{83}$Bi 비스무트	(209) $_{84}$Po 폴로늄	(210) $_{85}$At 아스타틴	(222) $_{86}$Rn 라 돈	

※ ( ) 속의 숫자는 동위 원소 중에서 반감기가 가장
긴 원소의 원자량을 나타낸다.

150.36 $_{62}$Sm 사마륨	151.96 $_{63}$Eu 유로퓸	157.25 $_{64}$Gd 가돌리늄	158.925 $_{65}$Tb 테르븀	162.50 $_{66}$Dy 디스프로슘	164.930 $_{67}$Ho 홀 뮴	167.26 $_{68}$Er 에르븀	168.934 $_{69}$Tm 툴 륨	173.04 $_{70}$Yb 이테르븀	174.967 $_{71}$Lu 루테튬
(244) $_{94}$Pu 플루토늄	(243) $_{95}$Am 아메리슘	(247) $_{96}$Cm 퀴 륨	(247) $_{97}$Bk 버클륨	(251) $_{98}$Cf 칼리포늄	(252) $_{99}$Es 아인시타이늄	(257) $_{100}$Fm 페르뮴	(258) $_{101}$Md 멘델레븀	(259) $_{102}$No 노벨륨	(260) $_{103}$Lr 로렌슘

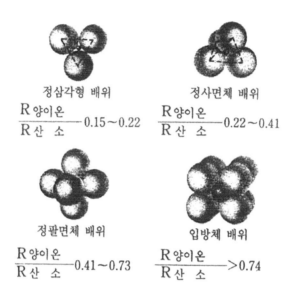

정삼각형 배위
$$\frac{R \, 양이온}{R \, 산 \, 소} \quad 0.15 \sim 0.22$$

정사면체 배위
$$\frac{R \, 양이온}{R \, 산 \, 소} \quad 0.22 \sim 0.41$$

정팔면체 배위
$$\frac{R \, 양이온}{R \, 산 \, 소} \quad 0.41 \sim 0.73$$

입방체 배위
$$\frac{R \, 양이온}{R \, 산 \, 소} \quad > 0.74$$

그림 5-10 | 금속이온을 둘러싸는 산소이온의 배위다면체(配位多面體)

작은 양이온에는 산소 3개가 배위한다. 예: 방해석의 탄소이온. 다음은 산소가 4면체를 만들어 배위하는 것: 모든 규산염 광물의 규소이온. 다음은 8면체 배위: 규산염 광물의 마그네슘과 철 이온. 마지막은 더욱 큰 칼륨, 나트륨, 칼슘이온에 보통의 형이며 8개 이상의 산소가 둘러싼다. 일례는 그림에 나타낸 입방체 배위이다

안산암과 화강암이 생기다

화학적인 분리 과정은 해저 지각이 생겨 버리면 끝난다고는 할 수 없다. 바다 지각을 용출구(湧出口; 열곡)에서 멀리 운반하는 맨틀 대류 단위의 한쪽편 가장자리에서는 또 다른 분리가 일어난다. 〈그림 5-7〉에 나타냈듯이 서로 이웃하는 단위가 다가오는 가장자리 부분에서는 지각의 물질을

맨틀의 안으로 끌어들인다. 화산의 대부분은 이런 수렴대(收斂帶)에 분포한다(그림 5-6). 수렴대에서는 지각의 물질과 함께 물이 운반되기 때문에 광물은 녹기 쉬워진다고 지질학자들은 생각하고 있다.

새롭게 생긴 해양지각은 용출구에서 떨어져 감에 따라 식어서 광물은 지각의 틈에 스며들어온 물과 반응해서 '수화물'(水和物)을 만든다.[11] 그렇게 된 지각이 수렴대에서 맨틀에 가라앉아 주위와 접촉해서 뜨거워지면 '수화물'에서 갑자기 물이 해방된다. 물이 있는 경우 대부분의 규산염은 용융온도가 현저히 낮아진다. 따라서 삽입하는 쪽의 지각은 열곡 쪽보다도 조금 낮은 온도에서도 녹기 시작한다. 이렇게 생긴 액체는 위로 올라가 화산에서 분출해 나간다. 그때 생기는 암석이 안산암(安山岩)이다. 안산암의 화학조성은 맨틀물질에서 화강암까지 변해가는 암석의 화학조성의 계열 중에서 해양지각의 암석보다도 한 단계 화강암에 가까운 쪽에 있다.

화강암에 이르기까지 줄지어 있는 조성계열의 모든 단계는 아직 잘 알고 있지 못하다. 단지 화강암의 성분이라는 것은 분명히 많은 형의 암석을 도가니에서 달구었을 때, 최초로 나타나는 액상에 상당한다. 이런 뜻에서 화강암은 부분용융이 되풀이된 후에 남는 최종의 생성물이다.

---

[11] 수화(水和)라는 것은 물의 분자가 광물 구조에 둘러싸이는 것이다. 수화 반응의 일례는 다음과 같이 나타낸다. $MgO + H_2O \rightarrow Mg(OH)_2$

대륙지각과 해양지각의 두께 차이

육지와 바다의 지각을 설명하는 데 필요한 또 한 가지 뚜렷한 차이가 있다. 이는 두께의 차이다. 지각은 나무가 물 위에 떠 있는 것처럼 맨틀 위에 떠 있다. 맨틀은 고체이긴 해도 조금씩이면 흐를 수 있기 때문에 그 위에 얹혀 있는 지각 무게의 차이만큼 흐름을 조정하고 있다. 그 모습은 예를 들면 수면에 가는 떡갈나무(단면 10×10)와 굵은 노송나무(20×20) 기둥을 떠올렸을 때 보이는 것과 같다. 노송나무 쪽이 크게 떠오른다. 이유는 두 가지이다. 두껍고 밀도가 작기 때문이다. 이처럼 화강암의 지각은 현무암의 지각에 비해 두껍고 밀도가 작기 때문에 맨틀에서 높이 떠오른다(그림 5-11).

대륙지각과 해양지각의 두께가 크게 다른 것은 그들의 생성 방법이 다르기 때문이다. 해양지각의 두께는 맨틀 대류가 상승하는 가장자리에 나오는 액체의 양에 따라 다르다. 그곳에서는 지판(地板)이 두 개로 나뉘어 가기 때문에 생기는 틈을 깊이 5km에 걸쳐서 채울 정도의 액체가 생기고 있다. 따라서 해양지각은 이 두께로 된다.

화강암이 어떻게 만들어지는가는 확실하지 않으므로 대륙지각의 두께를 무엇에 의해 규정짓는가도 확실하지 않다. 대륙이라고 하는 것은 빙빙 돌고 있는 맨틀 위에 떠 있는 호(弧)와 같은 것이다. 맨틀 대류로 쭈글쭈글해지고, 밀리면서 두꺼워진다. 두꺼워지면 떠오르는 것도 커진다. 크게 떠오르면 침식도 급속히 진행된다. 제설기로 눈을 밀어갈 때 눈은 산더미 같

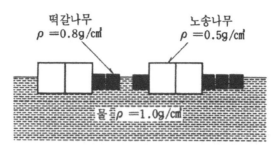

떡갈나무
ρ＝0.8g/cm³

노송나무
ρ＝0.5g/cm³

물 ρ＝1.0g/cm³

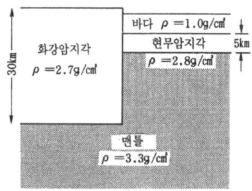

바다 ρ＝1.0g/cm³

현무암지각 5km
ρ＝2.8g/cm³

화강암지각
ρ＝2.7g/cm³

30km

맨틀
ρ＝3.3g/cm³

그림 5-11 | 물에 떠오른 나뭇조각과 맨틀에 떠오른 지각

위 그림은 물에 떠오른 2종류의 나뭇조각. 노송나무는 두껍고 밀도가 작기 때문에 높이 뜨고 있
다. 아래 그림은 맨틀에 뜨는 화강암과 현무암과의 지각. 화강암은 두껍고 밀도가 작기 때문에
높이 나와 있다. 현무암은 낮기 때문에 바다에 덮이고 물의 무게 때문에 더욱 잠긴다. P는 밀도
를 나타낸다

이 쌓이는 가장자리부터 무너지며, 적당한 높이를 지키도록 대륙지각도
어느 높이에서 균형을 이룬다.

　이와 관련해서 설명하려고 하는 것은 대륙지각이 두께 약 23km 이하
로 되면 그의 표면은 해수에 잠겨 버릴 것이라는 점이다. 이때 침식은 그

친다. 따라서 대륙지각은 어디서나 적어도 23km 이상의 두께로 되어 있다. 고산 아래에는 두꺼운 지각이 있어, 최대 60km에 달한다. 그런 높이의 지역은 영구빙하에 갇혀 있다. 빙하가 흐르면 고산은 점점 깎인다. 따라서 대륙지각의 두께는 한편에서는 해면 아래로 잠겨 침식이 더 이상 일어나지 않으나 다른 한편에서는 산악빙하 때문에 한정된 범위 내에서 침식은 증가한다.

그러면 지각의 연령은?

지각의 연령에 관해서도 해양지각에서는 아주 간단히 알 수 있다. 지각이 대양의 중앙부에 있는 용출구에 나왔을 때가 연령은 제로이다. 새로 생긴 지각이 해저 바닥에서 움직여, 다시 맨틀로 없어지는 수렴대까지 가는 데 5천만 년에서 1억 년 걸린다. 따라서 해양지각은 매우 어리고 끊임없이 뒤바뀌고 있다. 한번 교대하는 시간은 약 1억 년에 불과하다. 해양지각을 교대하고 있는 맨틀 단위가 도는 속도가 45억 년의 지구사와 같았다고 하면 지구의 표면에는 지금까지 45회의 해양지각이 나타난 것이 된다. 현재의 연령분포는 〈그림 5-12〉를 참고했으면 한다.

대륙 물질의 연령분포는 해양지각처럼 규칙적인 것은 아니다(그림 5-13). 더구나 1억 년에서 38억 년이라는 범위를 이룬다. 38억 년보다 오래된 것은 아직 발견되지 않았으나 있다고 해도 지각의 극히 작은 부분을

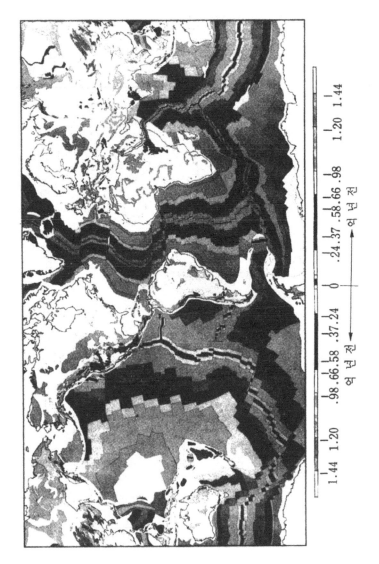

그림 5-12 | 바닥지각이 생긴 연대

숫자는 해저 바닥의 용출구에서 양측으로 생긴 연대를 나타낸다(R. L.Larson, 로란드대학 및 W.Pitman, 라몬드·도하티지질학연구소에 의한다)

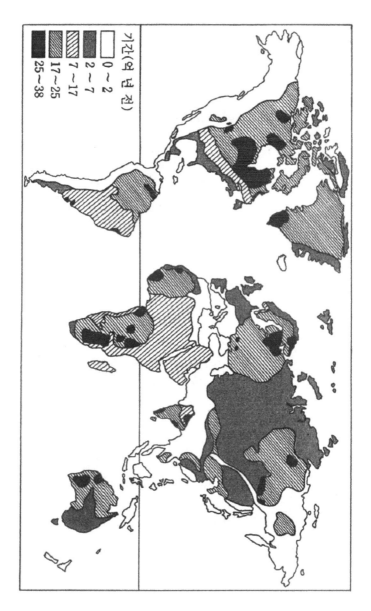

그림 5-13 | 육지지각이 생긴 연대

192

만들기 때문에 찾는 것은 매우 힘든 일이다.

화강암을 만드는 데 빼놓을 수 없는 성분은 칼륨이다. 화강암의 칼륨은 맨틀 물질의 160배에 달한다(표 5-3). 현재 지구 전체 칼륨의 약 반은 대륙지각에 모여 있다고 생각된다. 맨틀에서 대륙지각에 칼륨이 옮겨 온 경로는 누구나 상세히 알고 있는 것은 아니지만 바다의 현무암에서 유래된 것도 있으리라 생각된다. 그것이 옳다면 화강암이 어느 정도의 속도로 만들어지는가 하는 것을 눈대중으로 말할 수 있다.

바다의 현무암은 칼륨을 0.1%밖에 포함하지 않고, 대륙지각에서는 평균 1%이다. 대륙지각 하나에 함유되어 있는 칼륨을 공급하기 위해 해양지각 열 개가 필요하다. 그렇게 하면 지구의 역사를 통해 나타난 해양지각은 현존하는 해양지각의 총 부피의 4.5배나 되는 대륙지각을 만들어 낼 수 있다(45/10=4.5). 이것을 대륙지각의 실부피와 비교해 보자. 육지의 면적은 바다 바닥 면적의 약 반이고, 대륙지각의 두께(30km)는 해양지각 두께(5km)의 6배이다. 따라서 대륙지각의 부피는 해양지각의 3배(0.5×6)이며 확실히 가능한 최대량(4.5배) 안에 있다.

옛날에 있었던 대륙지각의 일부분은 맨틀로 되돌아가므로 현재의 대륙지각의 총 부피가 지금까지 생겨난 전체량보다 적다고 하더라도 당연한 일이다. 이 계산은 정확하지도 않고 올바르게 나타내지도 못하고 있을테지만, 그래도 매우 중요한 것을 나타내고 있다. 맨틀에서 해양지각으로 옮기는 칼륨의 현재의 비율을 지침으로 하면, 대륙을 형성하는 데는 수십억 년의 세월이 필요하다.

장의 끝머리

여러 가지 증거를 근거로 해서 지구의 중심핵과 대기와는 지구역사의 최초 2%의 시간 중에 생겼다는 것을 알 수 있다. 그것에 대해 육지 형성이 시작된 것은 훨씬 나중이며, 지금도 계속되고 있다.

대륙지각의 화학조성은 지구 전체의 평균으로부터 크게 벗어나 있다. 규소는 대륙지각에도 맨틀에서와 같이 대량으로 있다. 그것에 대해 철과 마그네슘은 맨틀 쪽이 훨씬 많고, 반대로 알루미늄, 나트륨, 칼륨의 양은 훨씬 적다.

대륙은 대류하는 맨틀의 힘이 생각하는 대로 되고 있다. 그 결과 두께를 늘리고 침식작용의 영력에서 균형을 지키고 있다.

6장

색다른 천체의 탄생

달·소행성·혜성

장의 첫머리

태양과 9행성 외에 태양계에는 다수의 소천체(小天體)가 있다. 그중에서도 행성을 도는 43개의 위성이 눈에 띈다. 화성과 목성의 궤도 사이에는 태양을 도는 1,000억 개의 소행성이 있다. 대부분은 직경 1m이거나 그보다 작지만, 약 2,000개는 직경 10km 이상에 달하며 특히 케레스는 1,000km가 넘는다. 목성·토성은 무수한 소물체로 된 고리를 갖고 있다. 또한 1조 개에 이르는 혜성이 있어서 명왕성 바깥까지 이르는 궤도를 그리고 있다.[12] 이런 천체에 눈을 돌리는 것은 두 가지 이유 때문이다. 태양계의 기원에 관계되는 중요한 정보를 숨기고 있다고 보여지는 것, 적어도 지구에 충돌하는 것이 있어서 생명의 발전에 영향을 끼치고 있는 것 등의 이유이다.

---

[12] 직접적인 화학분석은 되어 있지 않지만, 혜성은 암석으로 된 핵과 그것을 싸는 얼음으로 되어 있는 것 같다. 즉, 혜성과 소행성은 대형 행성이나 지구형 행성이라고 할 수 있는 축소판이다. 혜성의 꼬리는 혜성이 태양 가까이에 왔을 때 생기는 증기이다. 1986년 헬리혜성이 태양에 가까워졌을 때 여러 대의 탐사기가 보내져 관측이 행해졌다.

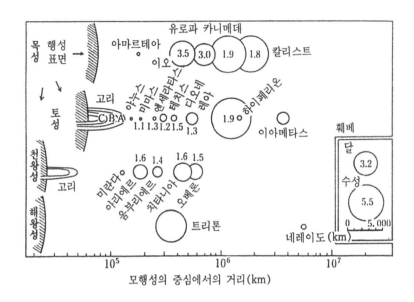

그림 6-1 | 4대 행성의 위성의 크기

위성 전체 중에서 3개는 수성보다 크고 5개는 지구의 달보다 크다. 각각의 위치는 모행성의 중심(그림의 좌단)으로부터의 거리에 대응시키고 있다. 거리는 대수눈금임에 주의. 위성에 나타낸 숫자는 평균밀도(g/cm3). 이오와 유로파가 지구의 달의 값에 가까운 것 외에는 일반적으로 밀도가 작다. 따라서 대량의 얼음 성분을 포함하고 있을 것이다(J.Wood, The Solar System, 1979에 의한다. 밀도는 개정했다)

위성의 탄생은 자연의 결과

지구에 달이 있듯이 행성에는 위성이 있다. 4대 행성은 어느 것이나 위성을 거느리고 있다. 목성에는 16개가 있고, 수성보다 큰 것도 2개나 있다. 토성에는 17개 있고 그중 하나는 수성보다 크다. 천왕성에는 5개, 해

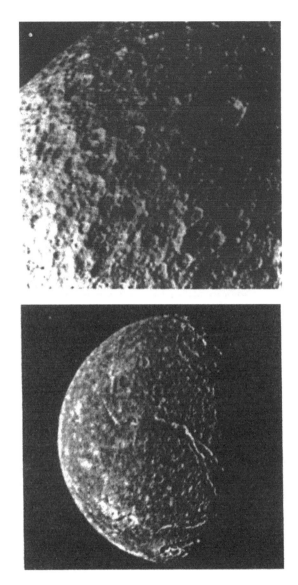

그림 6-2 | 토성의 위성 레아(위)와 천왕성의 위성 치타니아(아래)의 표면

(레아는 보이저 1호, 치타니아는 보이저 2호의 촬영, 제트추진연구소)

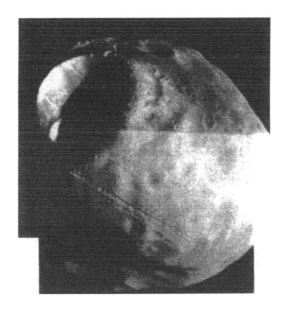

그림 6-3 | 화성의 위성 포보스의 표면

(하이킹 오비타의 촬영. 제트추진연구소)

왕성에는 2개 있다. 지구형 행성에서 달을 갖는 것은 지구와 화성이며, 지구에는 한 개, 화성에는 2개 있다.

NASA가 태양계 관측을 위해 날린 탐사기가 보내온 사진을 보면, 화성, 목성, 토성, 천왕성의 달은 운석이 충돌해서 생긴 크레이터의 흔적을 남기고 있는 고체의 천체이다. 그들이 태어난 곳이 저온의 환경인 것으로 보아 대행성의 달의 조성은 지구형 행성에 비하면 휘발성 원소가 상당히 풍부하다고 생각된다. 〈그림 6-1〉에 든 위성의 밀도를 봐도 알 수 있듯이 오로지 마그네슘, 규소, 철, 산소만으로 되어 있다고는 생각할 수 없다. 얼어 있는 물질을 상당량 함유하고 있으리라 생각되나 현재 거기까지 논하는 데는 자료가 부족하다. 다음에는 많은 자료가 있는 지구의 달을 살펴보자. 한 가지만 강조해 두고 싶은 것은 달의 형성이 드문 사건이라고는 할 수 없다는 것이다. 행성은 9개인데 달(위성)은 43개나 있다. 따라서 위성이 생긴다고 하는 것은 태양계 생성의 경로 가운데서 행성이 태어난 것과 같고, 자연의 섭리일 것이다.

달의 생성원인을 생각한다

우주 비행사들이 방문하기 전부터 달에는 대기나 바다 그리고 광상(鑛床)이나 석유는 없고 생물도 없는 것이 분명했다. 달 표면에서 관측을 하기도 하고 가지고 돌아온 암석을 연구한 것은 달의 기원을 규명하는 것이 목적이었다. 그러나 기원의 비밀을 풀이해 나가기에 앞서 많은 내용이 알려져 있는 달은 상상 밖으로 이유를 알 수 없는 존재이다. 앞으로 말하겠지만 달 궤도의 설명은 그 화학조성의 해석 못지않게 어렵다. 요컨대 달은 행성과학에서 풀기 어려운 수수께끼를 간직하고 있다.

수수께끼라는 뜻을 이해시키기 위해 손쉬운 것은 뭐니 뭐니 해도 달의 기원에 관해서 제안되고 있는 네 가지 학설을 열거해 보는 것이 바람직한 일이다(그림 6-4).

1. **분열설**: 지구는 처음에는 자전 속도가 매우 빨랐기 때문에 맨틀에서

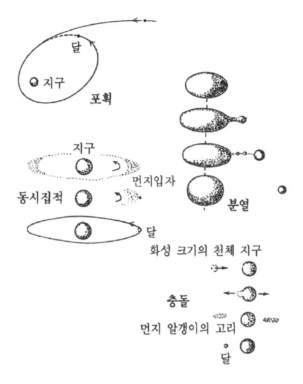

그림 6-4 | 달의 기원에 관한 네 가지 설

물질이 방출되어 그것이 달이 되었다.

2. **포획설**: 달은 태양계의 어딘가에서 태어나 나중에 우연히 지구의 인력에 끌렸다.

3. **집적설**: 지구와 달은 함께 같은 성운물질에서 생겨났다.

4. **충돌설**: 이것은 가장 새로운 설이다. 지구에 달 정도의 천체가 충돌했기 때문에 지구에서 물질이 떨어져 나가서 달이 되었다.

각각의 설이 말하고 싶은 것은 무엇일까 조사하기 위해 서로를 구별하는 열쇠가 될 달의 화학조성과 달의 궤도를 살펴보자.

달의 화학조성

3장에서 설명했듯이 어떤 물체라도 그 평균 밀도는 어느 정도의 화학조성을 나타낸다. 지구형 행성의 밀도는 네 가지 주요 원소(산소, 마그네슘,

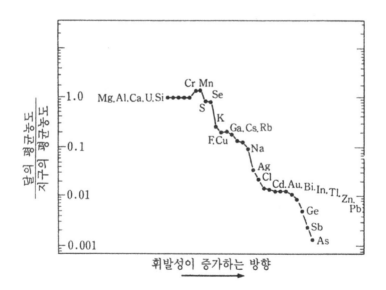

그림 6-5 | 지구와 비교한 달의 휘발성 원소 감소율

(A. E. Ringwood, Origin of the Earth and Moon, 1979)

규소, 철)의 비율을 적당히 바꾸면 나오는 범위에 있다. 달의 밀도는 행성의 밀도 범위가 작은 쪽의 가장자리에 위치하고 평균으로 1cm³당 3.2g이다. 지구의 4.3g에 비해 작다. 이 밀도로서 달은 금속철의 함유량이 지구보다도 상당히 적다는 것을 알 수 있다.

달의 암석은 지구의 암석에 비해 우라늄에 대한 칼륨의 비도 분명히 작다는 것이 밝혀졌다. 지구에서 칼륨은 우라늄의 12,000배나 되지만, 달에서는 2,000배에 그친다. 이런 점에서 보면 달을 만든 원물질(原物質)은 지구의 원물질에 비해 고온에 쬐였다고 생각된다. 지구와 달의 암석을 비교해 보면 칼륨보다도 휘발성이 높은 원소의 존재도는 어느 것이나 달 쪽이 적다.

달의 궤도가 말해주는 것

달 궤도의 중요한 특징은 다음과 같다.
1. 달의 궤도는 거의 완전한 원이다.
2. 지구의 아주 가까이에 있다(그림 6-6).
3. 시간과 함께 커져 간다.

차츰 알 수 있지만, 제3의 특징이 있기 때문에 앞의 두 가지 특징도 해석이 어려워진다. 만약 달이 처음부터 지구의 위성이었다고 하면 초기의 궤도는 지금보다도 훨씬 지구에 가까워야 한다. 달이 후퇴하고 있는 증거는 어디에 있는 것인가 그리고 그 원인은 무엇일까?

달이 지구에서 떨어져 가는 것은 사실은 옛날부터 생각되고 있던 일이지만 직접 증명된 것은 최초의 일이다. 우주 비행사가 달 표면에서 수행한 여러 가지 일 가운데 코너큐브라는 반사장치(反射裝置)를 두고 오는 일이 있다. 그것은 지구에서 발사하는 레이저 광선이 반사하는 정확한 위치를 알려준다. 레이저 광선이 달까지 왕복하는 시간을 자세히 재면 지구상의 관측점과 달 표면의 한 점 사이의 거리를 약 1cm의 오차로서 측정할 수 있다. 10년 남짓 조직적인 관측이 행해져, 달은 1년에 4cm의 비율로 지구에서 멀어져 가고 있는 것이 확인되었다.

달을 지구에서 '들어 올리기' 위해 필요한 에너지에는 지구의 자전에

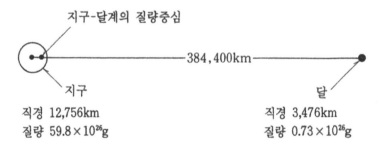

그림 6-6 | 지구-달 계(系)

달은 지구의 주위에 거의 원궤도를 그리고 있다. 달까지의 거리는 지구 직경의 60배. 달(질량은 지구의 1.2%)에 잡아당겨지기 때문에 태양을 도는 지구의 궤도운동은 약간 파도를 치고 있다. 지구-달 계의 질량의 중심은 태양에 대해 원활한 타원궤도를 그린다

결부되어 있던 에너지가 사용된다. 이것도 오래전부터 알려져 있던 일이다. 지구의 자전 에너지는 조석마찰(潮汐摩擦)이라 부르고 있는 과정을 거쳐 조금씩 달로 옮겨지고 있다. 받아들인 여분의 에너지 때문에 달이 지구를 도는 속도가 증가하고 그 결과 지구와의 거리가 멀어져 간다.

바닷가에서 산 사람이라면 누구라도 1일 2회 조수의 간만이 일어나는 것을 알고 있다. 조석이 생기는 원인은 태양과 달의 인력 때문이고, 태양에 대한 달의 위치에 관계해서 1개월의 주기도 갖고 있다. 초승달 때 태양과 달은 하나가 되어 인력에 영향을 미친다. 보름달 때 태양은 한쪽에서, 달은 반대쪽 방향에서 작용한다. 그리고 지구의 해수가 부풀어 오르는데, 가장 많이 부풀어 오른 부분은 인력으로 생각되는 방향으로 결코 바르게는 향하고 있지 않다. 조석에 의해 부푼 곳의 위치는 그때의 달과 태양의 인력의 방향이 아니고 몇 시간 전의 인력 방향에 상당한다. 왜냐하면 해수는 지구의 자전에 보조를 맞추도록 강요받아 움직이고 있기 때문이다. 해수가 지구의 자전에 끌리기 때문에 높아진 부분도 달과 태양의 인력으로 정하는 방향보다도 먼저(지구가 자전하는 방향으로) 나와 버리게 된다. 물은 그때의 힘의 방향으로 끊임없이 돌아가려고 하고 있지만, 순간적으로 돌아갈 수 있는 것은 아니기 때문에 해수의 부푼 곳은 언제라도 달과 똑바로 바라보지 않는 위치에 있다.

똑바로 바라본 위치에서 좀 벗어난 곳의 바다의 부풀음은 그 위치에서 달에 인력을 미치고 지구를 도는 달의 운동을 약간 가속하는 쪽으로 작용한다. 또한 지구는 돌아가려 하는 해수의 마찰력을 받아 얼마간 자전은 느

려진다. 이것이 조석 마찰이 달의 자전을 가속시키고 지구에서는 감속시키는 원인이 된다.

이 기회에 달이 지구에 같은 면(面)만을 보이고 있는 이유를 설명해 보자. 그것은 달의 모양도 완전한 구(球)가 아니고, 부풀음이 있어 거기에 지구의 인력이 작용했기 때문이다. 지금에서는 부풀음은 지구로 향해 '고정'되었기 때문에 달의 '뒤쪽'은 결코 보이지 않으며, 달의 하루는 1개월과 똑같아졌다. 중력에 의한 고정이기 때문에 달의 부풂은 언제나 인력이 작용하는 방향(지구의 방향)에 정면으로 대하고 있다.

현재 달까지의 거리는 3.8×10^{10} ㎝이다. 과거에도 1년에 4cm씩 후퇴하고 있었다면 90억 년 전에 지구와 달은 서로 붙어 있었던 것이 된다. 조석마찰은 양 천체의 거리가 가까울수록 심해지는 것을 생각하면 지구와 달의 거리가 늘어난 현재, 후퇴의 비율은 점점 감소하고 있을 것이다. 계산해 보면, 다른 조건이 같다고 하면 서로 붙어 있던 것은 불과 20억 년 전이 된다. 지구 탄생은 46억 년 전이기 때문에 이것은 곤란한 결론이지만, 그렇게 심각해질 것도 없다. 지구의 지형 역시 연대와 더불어 변하고 그다지 오래된 시대의 바다의 모양이나 위치 그리고 깊이를 아는 방법은 없기 때문이다. 확실히 말할 수 있는 것은 현재의 후퇴속도가 계속되어 왔던 것이라면 지구사의 초기에 달은 훨씬 가까이에 있었다고 하는 것뿐이다.

약 20년 전 코넬 대학의 고생물학자 존 웰즈(John Wells)는 NASA가 측정한 기간보다 훨씬 장기간에 걸쳐서 달의 후퇴량을 정하는 방법이 있다는 것에 생각이 미쳤다. 그것은 산호에서 볼 수 있는 나이테와 같은 줄무

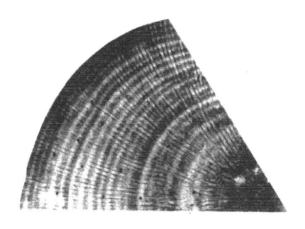

그림 6-7 | 홍해에서 채취한 산호 조각의 X선 사진

명료한 호(孤)는 연령, 검은 부분이 여름에 해당한다. 탄산칼슘의 치밀도가 계절에 따라 변하기 때문에 줄무늬 모양인 것은 태평양 에니에토쿠환초의 산호 연구에서 증명되었다. 1954년의 수 폭실험 때, 팽대한 양의 방사성 강하물이 생기고, 초호(礁湖)의 물은 단기간이지만, 스트론튬 90으로 몹시 오염되었다. 스트론튬은 칼슘과 손쉽게 바뀌어 놓이기 때문에 1954년에 성장한 줄무늬에 방사성 스트론튬의 '표시'가 붙어 버렸다. 그 후 채취한 시료에는 1954년부터 매년 하나의 줄무늬가 새겨졌다(사진은 Richard Cember에 의한다. 라몬트·도하티지질학연구소)

늬 모양을 상세히 조사하는 방법이다. 1년 주기의 모양은 특히 확실하다. 산호가 침전시키고 있는 탄산칼슘의 치밀도가 계절에 따라 민감하게 바뀌기 때문이다. 산호를 평평한 판으로 잘라 의료용 X선으로 촬영하면 그 모습을 관찰할 수 있다(그림 6-7). 계절에 의한 줄무늬 모양 외에 1개월마다 간만의 주기와 1일의 주야주기에 해당하는 얇은 줄무늬도 보인다.

1년에 4cm의 후퇴가 과거에도 행해져 왔다면, 수억 년 전에는 1년간에 포함되는 일수(日數)와 월수(月數)는 지금보다도 많았을 것이다. 일수 쪽은 자명(조석마찰로 지구의 자전이 늦어졌다)하지만, 월수 쪽은 설명해 보기로 하자.

케플러의 법칙(3장)에 의하면 위성의 궤도가 중심 행성에서 멀수록 일주(一周)의 소요시간은 길어진다. 지구의 조석 가속 때문에 달의 궤도는 커져가지만, 케플러의 법칙에 따르면 궤도의 둘레가 늘어나는 비율이 운동의 속도가 증가하는 비율보다도 크다. 예를 들면, 둘레가 20% 증가하면 주기는 31% 늘어난다. 운동이 빨라졌는데 1주에 걸리는 시간은 길어진다. 달이 후퇴했기 때문에 '1개월'의 길이는 길어졌다(현재 27.3일). 먼 옛날 달이 1년간에 지구를 도는 횟수는 지금보다도 많았다.

3억 3천만 년 전의 화석산호를 조사해보면 1년을 나타내는 줄무늬의 일변화의 수는 현재와 달라 약 400이 나타난다. 지구가 태양을 일주하는 시간이 바뀌는 이유는 없기 때문에 이것은 하루의 길이가 지금보다 짧았기(약 22시간) 때문이다. 이 일수로부터 3억 6천만 년 전의 달은 지금보다 12,000km(1.2×10^9cm) 지구에 가까웠다고 주장했다. 이 거리에서 달의 후퇴속도를 구하면 평균 1년에 4cm가 되어, 최근 10년간의 값과 같다.

달의 기원설은 어느 것이 옳은가?

조지 다윈(George H. Darwin)을 비롯하여 초기의 달 연구자가 분열설을 주장한 이유는 달의 후퇴 때문이었다. 지구와 달이 한 몸이었을 때의 1일(또는 1달)의 길이를 구해 보면 약 6시간이 된다. 이 정도 빠르면 지구는 분열할 수 있을 것이다. 6시간이라는 값은 지구와 달의 현재 각운동량에서 계산되는 것으로 후퇴의 비율과는 무관하다.

분열이 일어났을 때, 지구는 공명주파수(共鳴周波數)에 상당하는 횟수의 자전을 했을 것이라고 일반적으로 생각하고 있다. 이것은 물체가 자연진동수(自然振動數)에 같은 진동의 음파를 받았을 때 일으키는 현상과 비슷하다. 유명한 이야기지만, 오페라 가수가 소리의 고저를 포도주잔의 자연진동수에 알맞게 맞추면 잔을 산산이 부술 수도 있다. 자전하는 물체가 분열하는 것도 같은 원리이다. 지구는 자기 자신의 회전의 진동을 느낄 때 산산조각이 나도 이상하지 않을 것이다.

지구의 자연주파수는 6시간이 아니고 정확하게는 2시간임을 다윈은 알지 못했다. 또한 이것도 간과하고 있는데, 달은 한 덩어리인 채로 지구에서 떨어져 나갈 수는 없다. 지구를 뿌리칠 때 지구의 중력 때문에 산산이 부서지기 때문이다. 만약 분열이라는 것이 사실이라면 그때 생긴 먼지 알갱이의 고리(환: 環)가 나중에 모여서 달이 되었어야 한다.

이런 역학적인 어려움을 피하기 위해서는 지금의 지구 질량의 수배나 되는 물질이 분열할 때 모천체에서 떨어져 나갔다고 생각할 수밖에 없다. 그러면 초기의 자전은 포도주잔처럼 깨어짐이 일어나는 속도였다고 할 수도 있다. 이것에 필요한 모든 물질의 대부분은 아직도 발견되지 않기 때문에 지구-달 계의 중력권에서 도망가 버렸을 것이다. 도망갈 수 있는 것은 가스뿐이다. 그렇다고 하면 날아가 버린 먼지 알갱이는 매우 고온이었으며, 달에 휘발성 원소가 결핍되어 있는 것을 설명할 수 있다.

분열한 덩어리가 고온의 먼지 알갱이로 된 점에 한해서는 분열설은 다른 여러 설과 비슷하다. 다만 조성에 있어서는 중요한 특징이 있다. 분열 기원설에 의하면 달의 철 존재도가 작다는 것이 자연히 설명된다. 즉, 지구의 핵이 아니고 맨틀이 분리한 것이다. 그러기 위해서는 지구의 핵이 생긴 뒤에 달이 생긴 것이 된다.

　　지구가 외래의 천체를 취해서 달이 생겼는가 하는 것은 지구물리학에서도 여러 가지로 연구되었지만 적당한 원리는 아직 찾지 못하고 있다. 그와 같은 일이 일어났다고 하면 잡히기 전의 달은 태양에 대해서는 보통의 천체에서는 볼 수 없는 특별한 궤도를 그린다. 게다가 멋진 행운에 의해 지구에 '포획'되었다고 해야 한다. 과학에서는 억만 분의 일의 행운이라는 해석은 꺼리고 있다. 따라서 이 설은 일부의 신자(信者)만의 주장이다.

　　조금 더 포획이 일어날 듯한 경위라면 모든 천체가 지구에 아주 가까워지기 위해 분말로 되어 잡힌다는 것이다. 발생한 먼지 알갱이는 다시 모여서 달이 된다. 이 점에서 포획설은 분열설과 같은 길을 걷고 있다.

　　지구와 달이 같은 성운물질에서 생겼다고 하는 집적설은 어떠한가? 현재 지구와 달의 화학조성은 확실히 다르다. 이를테면 철은 지구만을 골라 내려 쌓인 것이어야 한다. 지구의 맨틀을 만든 먼지 알갱이가 무슨 이유로 일부분 지구를 도는 고리의 궤도에 남은 것일까? 그러면 이 나중의 이야기는 앞의 두 가지 설과 똑같은 것이다.

　　이상 옛날부터 있던 세 가지 설은 쓸모가 없어졌기 때문에 제4의 설이 나왔다. 즉, 달을 만든 물질은 화성 정도의 천체가 지구에 충돌했을 때 지구에서 떨어져 나갔다는 것이다. 물질은 매우 고온의 먼지 고리를 만들고, 마침내 식으면서 모여 달이 생겼다. 또한 열 번째의 행성이 지구에 충돌했다는 있을 법도 하지 않는 이야기를 피하기 위해, 태양계 역사의 초기에는 작은 행성 정도의 물체가 많이 있었다는 생각도 있다. 그런 천체는 결국 큰 천체에 충돌해서 흡수되어 버렸다. 말기에 지구에 충돌한 것이 달이 되는 물질을 떨어져 나가게 했을 것이다.

네 가지 설 중 어느 것이나 달이 멋지게 생기기 위해서는 지구를 도는 먼지 알갱이의 고리가 필요한 것 같다. 먼지의 온도가 매우 높으면 어느 설에서도 휘발성 물질이 부족한 것은 설명할 수 있다. 뭐니 뭐니 해도 달은 먼지의 고리에서 생긴 것처럼 생각되지만 문제는 어째서 고리가 생기는 것인가에 대한 좋은 이유가 발견되지 않는다는 점이다. 지구에서 분열한 한 덩어리의 물질이 부서진 것인가, 지구 중력에 붙잡힌 천체가 붕괴한 것인가, 지구도 동시에 만든 성운물질의 흔적인가, 화성 크기의 천체의 충돌에 의해 떨어져 나갔는가 하는 이런 것들이 의문이다.

산소 동위원소가 나타내는 사실

달의 기원에 관계되는 또 한 가지의 사실이 있다. 지구의 암석에 관해서 산소 동위원소의 조성을 조사하면(그림 6-8), 콘드라이트 운석과 구별할 수 있는 특징이 있다. 지구의 암석이나 광물의 산소 동위원소의 조성비는 각각 여러 값을 가지지만 전체적으로 하나의 질량 분별 직선상에 줄지어 있다. 운석 광물의 경우도 직선상에 늘어선다. 그런데 그 선은 지구의 선과 일치하지 않는다(운석마다 따로따로). 그림에 나타낸 세 개의 선은 위로부터 철의 존재도가 적은 운석, 많은 운석, 현무암질 에이콘드라이트의 한 종류의 경우이다. 직선이 따로따로 되는 이유로서 가장 그럴듯한 것은 외

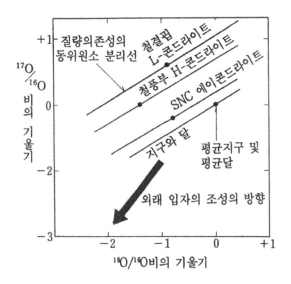

그림 6-8 │ 지구, 달, 운석의 암석·광물의 산소 동위원소 조성

평행한 선은 광물이 녹아서 재결정했을 때 산소 동위원소 사이에 질량의 차이에 근거하는 분별이 일어나는 경우의 조성분포 선에 상당한다. 천체에 의해 다른 분포 직선에 놓이는 것은 원시성운의 먼지 입자에 외래의 입자가 섞여 있고 섞인 비율에 차이가 있기 때문이라 보인다. 지구와 달과의 물질의 조성분포는 동일직선상에 겹친다. SNC 에이콘드라이트는 화학조성과 연대에서 보아 화성에 운석이 충돌했을 때 표면이 날아 가버린 것 같다. 그것이 바르면 화성의 물질은 소행성과도 지구나 달과도 다른 산소 동위원소 조성을 갖게 된다(Robert N. Clayton, 시카고대학 제공의 자료에 의한다)

래의 알갱이가 섞이는 비율이 다르다는 것이다(4장 참조). 이유가 뭐든지 간에 차이가 인정되는 이상 세 종류의 운석은 원시성운의 다른 장소에서 태어났다고 생각된다.

여기서 중요한 것은 달의 암석과 지구의 암석 사이에는 이러한 차이가 보이지 않고, 모두 다 산소 동위원소 조성에 있어서 같은 질량분별선(質量 分別線)에 놓여 있는 것이다. 달의 물질이 분열로 생겼는가. 지구와 달이 나란히 집적한 것이라면 이것은 당연하다. 그것에 반해 달이 어딘가 다른 곳에서 생겨서 포획된 것이라면 운석과 같게 되고 달의 물질에 대한 직선은 지구물질과 일치하지 않을 것이다. 이 그림을 보는 한 포획설은 기원논쟁에서 빼도 좋을 것 같다.

달에 핵과 지각은 있는가?

우주비행사가 달 표면에 남기고 온 장치에서 달 지진의 진동 그래프를 보낸다. 그것에 따르면 절대적이라 할 수 없지만, 달에는 작은 핵(질량의 약 2%)이 있는 것 같다. 이 정도라면 달의 평균 밀도가 작은 것과 모순되지 않는다.

달에는 대기도 바다도 없다. 어떠한 질량의 가스분자도 손쉽게 달 표면에서 도망가 버린다. 생명이 존재할 수 있는 필요조건의 결여를 나타내는 이유이며, 행성이 너무 작으면 생명에 필요한 대기도 바다도 유지할 수

그림 6-9 | 달의 표면

어두운 부분(바다라 한다)은 달의 현무암이 저지(低地)를 덮고 있는 지역. 밝은 부분[고지(高地)라 한다]은 처음부터 애노사이트의 지각. 무수한 운석이 충돌한 흔적이 있다(Jody Swann, 미국지질조사소)

없는 것이다.

달의 암석을 조사하면 달에도 지각이 있음을 알 수 있다. 달의 지각은 바다와 고지의 두 개의 부분으로 나뉜다(〈그림 6-9〉, 〈6-10〉). 달의 바다는 지구의 현무암과 비슷한 암석으로 되어 있고, 고지의 암석은 약간 화강암과 비슷한 칼슘 사장석(주요 광물은 애노사이트, $CaAl_2Si_2O_8$)이다. 그리고 지구와 달의 지각이 비슷한 것은 이것뿐이다.

생긴 연대를 조사하면 달의 현무암은 무엇이든 31억 년에서 39억 년전 사이에 있다. 애노사이트 지각은 보다 오랜 것으로서 40억 년 전 이상이다. 30억 년 전부터 지금까지 달 표면에 일어난 분화(噴火)는 얼마 되지

그림 6-10 | 달의 이면

지구에서는 보이지 않고 우주선을 보내 촬영할 수밖에 없다. 표면과 다르며 바다가 거의 없다
(Jody swann, 미국지질조사소)

않거나 전혀 없었다. 즉, 달은 '죽은' 행성인 것이다. 맨틀의 대류 단위는 움직이고 있지 않고 표면에 있는 지판(地板)도 없다. 화산활동은 일어나지 않는다.

지구와 이렇게 다른 것은 왜일까? 그 답도 달이 작기 때문이다. 반감기가 긴 방사성 원소의 붕괴로 해방된 열은 달의 경우 손쉽게 바깥으로 나온다. 내부에서 맨틀의 상부로 열을 옮기는 대류 단위 등은 필요 없다.

결국 달의 지사(地史)는 다음과 같다.

40억 년 이전 어느 때, 달은 녹아 천천히 고화했다. 고화의 최초에 칼슘 사장석이 정출되었다. 이 결정은 남은 액상보다 밀도가 작기 때문에 표

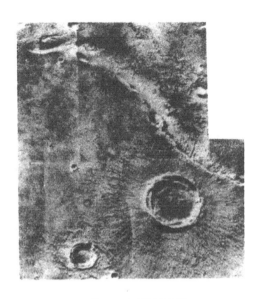

그림 6-11 | 화성의 표면

크레이터의 직경은 30km 곡근(谷筋)도 보인다. 하이킹 1호에 의한다

면에 떠서 얇은 지각을 만들었다. 40억 년 전 내지 39억 년 전까지 지각에는 대운석의 충돌이 계속되고 표면은 구멍투성이가 되었다. 그리고 10억 년간 현무암질마그마가 크레이터 안에 솟아올라 바다를 만들었다.

〈그림 6-9〉, 〈그림 6-10〉에서 보듯이 달의 바다는 전부 표면에 분포하고 있다. 달의 이면은 끊임없이 이어지는 고지로 되어 있다.

충돌 크레이터

　행성이나 위성의 표면 사진을 보면, 운석의 충돌로 생긴 크레이터 (crater)가 곰보딱지처럼 보인다. 예를 들면, 달(〈그림 6-9〉, 〈그림 6-10〉), 화성(그림 6-11), 수성(그림 6-12) 또는 목성, 토성, 화성의 각 위성(〈그림 6-2〉, 〈그림 6-3〉) 등인데 지구의 표면에서는 그러한 흔적은 거의 보이지 않는다. 사실은 애리조나 운석구(隕石丘)의 예(그림 6-13)가 있고 그밖에도 다수의 예가 있지만, 인공위성에서 지표를 조사하지 않는 한 발견하는 것은 그리 쉬

그림 6-12 | 수성의 표면

마리나 10호의 사진에서 합성한 남극역(南極域)

운 일이 아니다. 지구도 소천체의 충돌을 그 나름대로 받고 있다. 표면이 비교적 매끄러운 것은 충돌지형을 끊임없이 평탄화시키는 침식이 일어나기 때문이다.

눈에 보이는 충돌의 흔적은 지구 표면에서 거의 없어졌지만 충돌의 증거는 분명히 남아 있다. 예를 들면, 텍타이트라 부르는 유리질의 물체가 있다. 텍타이트는 대기의 힘을 받은 모양이나 표면의 조직으로 보아 원래

그림 6-13 | **북아메리카 서남부의 사막지대에 있는 애리조나 운석구**(J. S. Shelton)

는 액체이며, 지구의 대기 중에서 유리질로 고결된 것으로서 대기 중을 날아 지표면에 떨어지는 사이에 표면이 증발해서 변형했다고 생각되고 있다. 텍타이트는 소천체가 충돌했을 때 지표의 조각이 대기 높은 곳까지 튀어서 생긴 물질이라고 믿고 있는 연구자가 많다.

텍타이트의 대부분은 동남아시아와 오스트레일리아의 전 지역의 흙 중에서, 강바닥 및 육지에 연속해 있는 바다의 퇴적층 안에서 발견되었다.

그림 6-14 | 텍타이트

검은 유리 모양의 소석(小石) 정도의 물체. 모양과 조직은 대기 중을 고속으로 나는 것을 엿볼 수 있다. 운석이나 혜성이 지구의 표면에 충돌했을 때 대기 중으로 날아가서 녹은 물체가 굳어진 것이라고 생각된다(마틴 프린츠, 뉴욕 자연사박물관)

연령은 모두 70만 년 전이며 1회의 대충돌로 생겼다고 생각하고 있다. 또 일군(一群)의 텍타이트가 북아메리카에서 발견되고(연령 3000만 년), 중앙유럽(1300만 년), 아프리카 상아해안(110만 년)에도 있다.

유럽 텍타이트의 경우 충돌 크레이터가 독일에 실재한다. 1000만 년을 넘는 침식 때문에 크레이터의 일부분을 잃고는 있지만, 기원을 증명하는 데는 나머지만으로 충분하다. 예를 들면, 이 충돌로 변성을 받은 퇴적암은 고압하에서밖에 생길 수 없는 이산화규소의 광물을 함유하고 있다. 보통의 석영이 고속도의 충돌 때 생긴 큰 압력을 받아 생긴 것이다.

행성이나 달의 표면에 큰 크레이터를 만드는 천체가 지구에 충돌하면 어떤 일이 일어나는가? 의외라고 할지도 모르지만 밝혀진 한 예가 있다. 그것은 지구사의 비교적 새로운 연대(6500만 년 전)에 일어났다. 전부터 지질학에서는 이 시기에 무언가 굉장한 일이 일어났다고 상상하고는 있었지만, 소행성(또는 혜성)의 충돌이라고 생각되는 증거가 발견되었다. 지질학에서 알고 있던 것은 중생대 말엽에 동식물종의 반이 돌연 절멸한 것이다. 생물 대절멸을 설명하기 위해 여러 가지 가설이 제안되었는데, 어딘가에 설명할 수 없는 것이 남아 이 변혁의 원인은 수수께끼로 남아 있었다.

1980년 캘리포니아 공과대학의 루이스 알바레즈(Luis W. Alvarez)와 아들 월터가 이 수수께끼를 푸는 연구를 했다. 월터는 북이탈리아에서 중생대와 신생대의 경계에 걸쳐 있는 일련의 퇴적층을 연구하고 있었으며, 경계층의 상당히 아래에서 위에 이르는 일련의 지층에서 퇴적물 시료를 채취했다. 아버지 루이스는 프랭크 아자로 및 헬렌 미첼 두 사람과 함께 시료에 함유되어 있는 희유원소 이리듐의 함유량을 조사했다. 얻은 결과는 마침 경계층에 해당하는 시료가 경계층의 위·아래에 비해 60배 많은 이리듐을 함유한다는 사실이었다. 이 이리듐의 증가는 직경 10km의 소행성이 지구에 충돌해 산산이 부서져 날아갔기 때문에 생겼다고 설명했다. 폭발에 의한 먼지가 하늘을 덮어 지구 전체에 퍼졌다. 2, 3년 안에 먼지는 하강해서 지표 이곳저곳에 도달했다. 바다에 내린 것은 해저에 잠겨 퇴적층에 섞였다는 것이다.

소행성의 먼지가 지구의 지각물질에 비해 대량의 이리듐을 포함하는 것은 왜일까? 그것은 이리듐이 원소 안에서 금속철에 대한 친화성이 가장 강한 것이기 때문이다. 지구의 이리듐은 거의 전부 중심핵 안으로 들어가 지각에는 거의 없다. 그런 지각과 비교하면 소행성의 이리듐 평균함량은 훨씬 많다. 루이스가 이리듐에 과녁을 맞춘 것은 원래 그 때문이었다.

알바레즈의 소행성충돌설을 검증하기 위해 여러 가지 방법이 생각되고 있다. 우선 이리듐의 증가현상을 나타내는 중생대-신생대 경계의 지층이 다른 곳에서도 발견되었다. 지금은 50개소 정도 그런 장소가 알려져 있다. 다음으로 이리듐 이외의 친철금속(親鐵金屬)도 경계퇴적물에서 그 함량이 많음이 알려져 있다. 백금, 금, 은은 모두 증가했다. 또한 역으로 농도의 이상(異常)은 친철원소에 한해지고 있는가 어떤가였지만, 그대로였다. 더욱 최근에 들어와 '충격을 받은' 석영입자가 경계퇴적물 안에서 발견되었다. 따라서, 지금에 와서는 대부분의 연구자가 중생대 말엽을 알리는 생물 대절멸은 거대한 지구 외 천체의 충돌이 원인이 되었다고 생각하고 있다.

알바레즈의 가설은 10점 만점에 8.5점을 얻을 수 있다.

충돌을 생물 대절멸과 결부하는 데는 아직 불확실한 점도 있다. 알바레즈는 소행성의 충돌에서 날아가 버린 대량의 먼지가 수년간에 걸쳐서 하늘을 어둠에 갇히게 했을 것이라고 생각했다. 식물은 전혀 생육할 수 없게 되어 신선한 식물을 먹이로 하는 생물은 굶어 절멸해 버렸을 것이다.

이 설명에 대해서 그런 것이 되기까지 장기간에 걸쳐서 상공에 먼지가 멈추지 않았다는 비판이 있다. 생각할 수 있는 것은 그 밖에도 더 있다. 바다에서 충돌이 일어나면 대량의 수증기가 대기에 퍼져 온실효과 때문에 지상이 대단한 고온이 될지도 모른다.

아주 최근 시카고대학의 애드워드 앤더스(Edward Anders)가 이끄는 연구자들은 중생대-신생대의 경계퇴적층에 높은 농도의 석(錫)의 먼지를 발견했다고 발표했다. 충돌이 대륙 규모의 삼림화재의 불씨가 되어, 핵겨울-미·러(구소련)의 대륙 간 탄도병기의 응수의 여파로 생긴다-과 비슷한 일이 일어난 것이라고 한다.

옐대학의 칼 터키안(Karl Turekian)은 알바레즈가 내세운 증거로는 아직 납득할 수 없고, 가설이 올바른가 어떤가 검증하기 위해 더욱 설득력 있는 기발한 방법을 생각해냈다. 친철 원소인데다 상당히 희유원소인 오스뮴의 동위원소를 사용하는 방법이다. 오스뮴에는 7종류의 동위원소가 있는데 그중 오스뮴 187(^{187}Os)은 다른 원소 레늄 187(^{187}Re)의 방사성 붕괴의 산물이다. 따라서 레늄이 있는 곳에서는 존재도가 점점 불어난다(^{187}Re의 반감기는 460억 년). 그래서 장 마르크 루크(Jean Marc Luck)와 협력해서 중생대-신생대 경계층에 이리듐(Ir)과 함께 함유되어 있는 오스뮴의 동위원소 조성을 조사해 보았다. 얻은 ^{187}Os의 ^{186}Os에 대한 비는 어떤 시료에서는 1.65, 다른 시료에서는 1.29였다. 이것에 대해서 해저의 보통 퇴적물에 함유되어 있는 오스뮴은 평균 7.5, 운석에서는 평균 1.0이다. 경계층의 값은 운석에 매우 가깝다. 이것으로 칼도 경계층의 친철원소의 농도 이상의 원인은 지구에서는 찾아낼 수 없다고 인정했다. 경계층의 ^{187}Os의 값은 너무나 작다.

지구 표면의 오스뮴의 동위원소 조성이 흔히 운석과 다른 이유도, 지구 안에서 원소의 분리가 일어났기 때문이다. 칼륨과 똑같이 레늄에는 맨틀의 광물 내에서는 알맞은 자리가 없다. 그 때문에 맨틀 중 액상의 마그마가 생기면 녹아서 지각으로 나온다. 그 때문에 지표의 암석에서는 레늄의 오스뮴에 대한 비가 지구 전체의 평균이나 소행성 물질에 비해 100배나 크다. 오스뮴도 맨틀에서 빠져나가려고 하는 경향은 있지만, 지각에의 농도가 늘어나는 정도는 아니다. 따라서 지구 전체의 평균이나 소행성(혜성까지)에 비해서 지각물질의 오스뮴에서는 ^{187}Re의 붕괴로 생긴 ^{187}Os의 비율이 커진다. 이러한 이유로 일반적인 퇴적층 사이에 ^{187}Os의 농도의 작은 경계층이 협재되어 있다.

이것으로 두 사람의 연구는 알바레즈의 가설을 보강하는 결과가 되었다고 보여진다. 그런데 한편에서는 지구의 매우 깊은 곳에서 올라온 거대한 분화를 일으킨 화산회가 경계퇴적층에 섞였기 때문에 경계층의 동위원소 조성이 변했다는 것도 있을 수 있다고 두 사람은 잊지 않고 지적하고 있다. 거대한 분화의 가설은 충돌설에 한발 양보한다 해도 제외해 버릴 수는 없다.

천체의 충돌이 한 번은 일어났었다고 하면 그밖에도 그와 같은 재앙에 시달린 적은 없었을까? 고생물학자인 라우프(D.M. Raup)와 세프코프스키(J. J. Sepkowsky)는 지구사를 거슬러 올라가 조사해 생물 대절멸이 대강 2,600만 년의 주기로 반복되고 있는 것 같은 것을 발견했다. 이것이 정말이라면 소행성이 원흉이라는 것은 다시 생각해 볼 만한 일이다. 상당한 크기의 소행성이 지구에 충돌하는 것은 1억 년에 몇 번 있을지도 모르지만 일정한 주기로 일어난다고는 생각할 수 없다. 어쨌든 대절멸이 주기적으로 일어난다고 하는 것은 곤란한 일이다.

이것을 설명하기 위해 태양에 반성(伴星)이 있는데, 가늘게 찌부러져 태양에서 매우 멀리까지 뻗은 궤도를 돌고 있는 것은 아닌가라는 생각이 나왔다. 가상의 반성은 '네메시스'라 불리고 있다(고대 그리스의 재앙의 여신). 네메시스는 2,600만 년의 주기로 궤도를 돌며, 태양에 가까워진다. '접근' 하면 태양계의 외연(外緣)에 있는 1조 개의 혜성 중에 궤도를 뒤틀리게 하는 것이 있고 일부분은 지구에 충돌하는 궤도로 변한다. 네메시스는 실재하는 것인가?

또한 태양계는 은하계의 별이 분포하는 평면을 꿰뚫어서 상하로 진동 운동을 하고 있다(끌어당긴 고무줄 중간에 볼을 묶은 것처럼)는 천문학상의 사실에 바탕을 두어 천체 충돌의 주기성을 설명할 수 없는가 하는 생각도 있다. 계산에 의하면 태양은 은하계의 평면을 3천만 년마다 횡단하고 있다.

은하계 평면에는 가스와 먼지로 된 우주운(宇宙雲)의 짙은 곳이 있기 때문에 태양계가 그곳에 오면 혜성의 궤도가 혼란되어 지구에 충돌하는 혜성이 나온다고 한다. 하지만 태양계의 그와 같은 요요하는 운동은 진폭이 작아서 우주운이 퍼지는 바깥까지는 가지 않는다고도 알려져 이 설도 어려운 정황에 있다. 즉, 우주운에 가까이 갈 확률은 조금 변할 뿐이기 때문에 주기적인 궤도의 혼란을 일으키는 원인이 되지 못한다.

네메시스도 태양계의 진동도 생각하지 않아도 좋다는 사람들도 있다. 바탕이 되는 생물 대절멸의 주기성 쪽이 의심받고 있기 때문이다. 논쟁의 결론이 어떻더라도 6,500만 년 전 생물 종의 절반까지 절멸한 이유에 관해서는 지구 바깥에서 덮친 대이변의 결과라는 것이 확실하지 않을까?

장의 끝머리

태양계 성운의 먼지 알갱이는 아홉 개의 행성을 만들었을 뿐만 아니고, 소행성·위성 등을 만드는 데에도 보태졌기 때문에 우리는 성운에서 받아들인 것에 관해서 많은 지식을 얻어낼 수 있지만, 한편 그런 소천체는 위협적인 것이기도 하다. 알차고 많은 정보를 지니고 떨어지는 무해한 운석과 달리 드물게 충돌한 소행성이나 혜성은 전부터 지구에 괴멸적인 타격을 주었다. 그런 대재해가 확실히 생명의 진화에 영향을 끼치고 있다. 그래서 생명 진화가 끊겨버린 행성이 우주의 어딘가에 있을지도 모른다.

7장

지구는 과연 살기 쉬운가?

기후 변동과 빙하

장의 첫머리

　이 장에서는 생명의 존재가 가능한 행성이 가져야 할 가장 중요한 성질을 자세히 살펴보자. 다시 말하자면 지금까지의 이야기는 그런 논의의 무대를 만들어 온 것이다. 행성에 물이 생겨나는 메커니즘은 무엇인가? 일정한 표면 온도로 되어 있는 조건은? 산소의 공급원은? 에너지 자원이 만들어지는 과정은? 행성 경관의 성인(成因)은? 한마디로 말해 생명의 발생을 가능하게 하는 것은 무엇일까?

　물론 간단한 답은 없다. 생명이 태어나는 조건 중에는 행성의 크기나 궤도, 자전, 화학조성 등 성운에서 물려받은 단계에서 정해 버리는 사항이 있고, 행성의 내부나 지각의 진화 중에서 정하는 사항도 있지만, 본 장에서 알 수 있듯이 결정적인 것은 표면에 나타나는 휘발성 물질에 무엇이 일어나는가이다. 휘발성 물질은 예를 들면 어느 정도의 비율로 바깥으로 빠져나가 대기에 멈추며, 바다에 녹고, 퇴적하고, 극의 얼음에도 들어 있는 것일까? 더욱이 표면에 나타난다고 하면, 생명 자신마저 행성의 환경을 바꾸고 있다. 대기나 바다 해저의 퇴적물에 함유되는 휘발성 물질의 종류를 고정시키고, 대기 중에 산소를 더해 주고, 석탄이나 석유, 천연가스를 만들어 내기도 한다.

　성운의 유산이나 행성의 진화, 휘발성 물질의 체류(滯留), 생명작용의 복잡한 메커니즘을 확실하게 밝힌다는 것은 도저히 할 수 없는 이야기이며, 각각의 역할을 공평하게 평가하는 것 자체도 힘들다.

지면이 있어도 대답할 수 없는 것이 너무 많기 때문에 여기서는 두세 가지 논점에 초점을 맞추기로 하자.

지구에 적당한 양의 물이 있는 이유

어떤 종류이든 생물의 발달에는 충분한 양의 물이 있어야 한다. 대륙의 이곳저곳을 살펴보면 물의 다소(多少)에 따라서 두드러지게 차이가 나타난다. 다우지대(多雨地帶)에서는 울창한 삼림이 펴져 있고, 다양한 종류의 생물이 사는 한편 우량이 적어서 생물은 보기조차 드문 사막이 있다. 연중 눈만 내리면 거의 생물이 없는 빙모대(氷帽帶)가 되어버린다. 지구의 표면은 70%가 물로 덮여 있음에도 이러한 큰 차이가 나타난다.

적당한 양의 물이 나타나기 위해 필요한 조건은 다음의 네 가지이다.

1. 바다가 생기기에 충분한 물을 행성이 간직할 수 있는 조건
2. 물은 행성의 내부 깊숙이에 머물지 않고 표면에 나와 있다는 사실
3. 증발해도 공간에서 잃어버릴 수 없는 것
4. 대부분이 액체로 있는 사실(표면의 평균온도는 물의 빙점과 비점의 사이에 있다)

물은 지구 전 중량의 약 0.5%를 차지한다. 성운물질의 수소를 원자 30만 개당 한 개를 취하는 것은 좋은 비율이지만 그렇게 될 수 있는 이유는 아직 밝혀져 있지 않다. 지구는 원시물질에 비하면 약간 휘발성을 갖고 있는 칼륨과 그 밖의 원소의 비율이 부족하다. 그렇기 때문에 물이 전혀 없어도 이상하지는 않다. 그럼에도 불구하고 어떤 부분을 보면 지구를 만들

어 낸 소재(素材)는 조목세공(組木細工)처럼 여러 가지 종류의 조합(組合)과 집합(集合)에 의해 이루어진 것이다.

대부분은 보통 콘드라이트보다도 더욱 휘발성이 부족한 것이었지만, 일부분은 탄소질 콘드라이트와 비슷하여 결정수(結晶水)를 갖는 광물을 어떤 비율로 함유하고 있다. 근본을 밝히는 데 충분한 정보가 적기 때문에 이 이상 설명하지 않는다. 왜 그런지 모르지만, 지구는 생물의 존재에 있어서 거의 이상량의 물을 갖고 있다. 10배나 많든가 적든가 하면 상황은 전혀 달라진다. 물이 10배 있으면 육지는 줄어, 이를테면 표면의 99%는 바다가 되어 버린다. 10분의 1이라면 바다는 적고 나머지는 광대한 사막이 된다.

^{129}Xe의 이야기(5장)에서 말했듯이, 크세논은 지구사의 극히 초기에 내부에서 방출되었을 것이다. 그것은 지구핵이 생성되는 동안 계속된 고온 때문이다. 그때 물도 기체로 되어 크세논과 함께 표면에 나왔을 것이다.

표면에 나온 가스는 어느 것이라도 공간으로 도망가는 기회가 있다. 도망가기 쉬운 것은 행성의 중력(질량과 반경에 의한다)과 분자 자신의 질량으로 결정된다. 분자에 따라 큰 차이가 있어, 이를테면 질량이 배가 다르면, 자릿수도 몇 자리 달라져 버린다. 헬륨원자(핵입자수 4)라면 지구대기로부터 도망가기까지의 평균시간은 약 100만 년이지만, 네온원자(입자수 20)에서는 몇십억 년이나 걸린다. 지구의 경우 헬륨은 내부에서 나오는 것과 똑같은 양이 공간으로 잃어버리고 있는 것에 대해 네온은 거의 모두 받아들여지고 있다.

234

가벼운 분자일수록 도망가기 쉽다는 것은 모행성의 무게가 가벼울수록 도망가기 쉽다고 하는 것이기도 하다. 행성이 가스를 끌어당기는 힘은 중력으로서 크게 영향을 미친다. 지구와 금성은 특별히 가벼운 2~3종류를 제외한 모든 가스를 간직할 수 있는 힘이 있고, 달과 수성은 어떠한 가스도 끌어들일 수 있는 힘을 갖고 있지 않다. 지구와 금성에는 두꺼운 대기가 있으며, 달과 수성에는 전혀 존재하지 않는다.

도망갈 확률이 분자의 질량에 밀접한 관계가 있다고 하는 것은 기체 운동의 이론이 나타내는 부분이다. 분자가 지구의 중력을 차단해 가기 위해서는 우주 로켓의 발사 때와 같이, 상향으로 매시 25,000마일(매초 11km)의 속도가 필요하다. 지구 대기의 '상연'(上緣)에 있는 분자의 경우에서도 이것은 평균속도보다 훨씬 크고 그 속도에 이르는 것은 극히 적다. 또한 무거운 분자가 그러한 속도로 되는 비율은 가벼운 분자에 비해 몇 자리나 적다.

행성 대기의 상연에 있는 분자가 날아가는 속도는 그곳의 온도를 나타내는 척도가 된다. 일반적으로 그 온도는 행성의 표면 온도에 비해 상당히 높다. 지구의 표면이 절대온도 300도인 것에 대해 상연은 1,500도를 넘는다. 그 비율로 분자가 쉽게 도망갈 수 있는 정도는 증가한다. 상연도 하층과 같은 300도였다면 헬륨조차도 그렇게 손쉽게 도망갈 수 없다.

헬륨의 경우, 지구로부터 도망가는 확률을 추측하는 방법이 있다. 그것은 대기에 함유되어 있는 헬륨원자의 총수를 지구 내부에서 대기에 새어나오는 1년당의 수와 비교하는 방법이다. 우선 대기 중의 총수는 대기

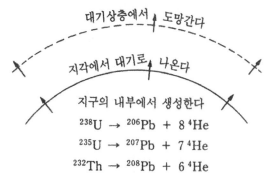

$$^{238}U \rightarrow {}^{206}Pb + 8\,{}^{4}He$$
$$^{235}U \rightarrow {}^{207}Pb + 7\,{}^{4}He$$
$$^{232}Th \rightarrow {}^{208}Pb + 6\,{}^{4}He$$

그림 7-1 | 헬륨이 당도하는 길

^{4}He는 지각과 맨틀 중에서 우라늄·토륨의 방사성 붕괴에 의해 생긴다. 지구에 현재 포함되어 있는 우라늄·토륨의 양은 지구 내부에서 도망가는 열량을 재면 매우 정확히 짐작할 수 있다. 앞으로 헬륨의 생성속도를 알 수 있다. 헬륨은 지구의 고상에서 표면까지 10억 년 정도 걸려서 운반되며, 대기 중에 평균 100만 년 머물러 지구의 바깥으로 '증발'하는 것 같다. 지구 내부에서 방사성 붕괴에 의해 생긴 헬륨은 모두 최후에는 잃어버린다

의 질량과 헬륨의 비율을 알면 간단히 구해진다. 한편 헬륨은 지구의 내부에서 ^{238}U, ^{235}U, ^{232}Th의 3원소의 붕괴에 의해 생긴다. 광산의 수갱(竪坑)이나 사갱(斜坑) 등의 온도가 깊어짐에 따라 어떻게 변해가는가를 측정하면 지구 전체의 내부에서 1년당 얼마만큼의 열이 방출되는가를 구할 수 있다. 그 열은 헬륨을 만들어낸 앞의 세 원소의 붕괴열과 ^{40}K의 붕괴열의 합이다. 지구 전체에 함유되어 있는 우라늄에 대한 칼륨의 존재비는 알고 있기 때문에(3장) 열의 발생량 중에 헬륨원자의 생성에 관계되어 생긴 열의 비율은 계산할 수 있다. 따라서 실제로 어느 정도의 열이 방출되는가를 측정하면 1년당 헬륨의 생성수를 계산할 수 있다. 요컨대 헬륨의 지구 내부

에서 새어 나오는 수는 우라늄과 토륨의 붕괴에 의한 생성수와 거의 같다고 해도 좋다(그림 7-1).

기체명	분자식	부피백분율
질소	N_2	78.08
산소	O_2	20.95
아르곤	Ar	0.93
이산화탄소	CO_2	0.034
네온	Ne	0.0018
헬륨	He	0.00052
크립톤	Kr	0.00011
크세논	Xe	0.00009
수소	H_2	0.00005
메탄	CH_4	0.0002
이산화질소	N_2O	0.00005

표 7-1 | 지구대기의 주요성분*

* 이 밖에 수증기(H_2O)를 포함하지만, 그 양은 변동한다(따뜻한 대기 중에서 최고 2%, 극히 저온의 성층권에서 수 ppm까지)

열의 측정으로 지구에서 도망가는 헬륨의 수는 대기에 포함되는 총수의 약 100만 분의 1임을 알았다. 헬륨은 공간으로 도망갈 때까지 평균 100만 년간, 대기 중에 머문다. 헬륨의 도망 시간이 정해지면, 그 밖의 기체에 관해서는 분자운동의 이론을 빌어 계산할 수 있다.

수소분자의 경우, 무게가 헬륨의 반이기 때문에 도망 시간은 100만 년보다 훨씬 짧아지지만, 다행히 대기 중에서는 극히 미량밖에 나오지 않는다(표 7-1). 대기 중의 수소분자는 흙에 있는 세균이 만들어 내는 것이며, 1~2년 대기에 머무를 뿐, 산소와 결합해서 물로 바뀐다. 방출되는 수소의 양은 극히 미량이므로 지구의 수소(따라서 지구의 물)를 확보하는 데 문제가 되지 않는다.

물이 유실되는 경로는 그 밖에도 있다. 대기의 높은 층에서 자외선이 물분자를 파괴해서 수소원자로 바뀌게 한다. 여기에 생긴 자유로운 수소원자는 아주 도망가기 쉽다. 이 과정으로도 지구의 물을 대량으로는 잃지 않는 것은 원래 성층권에 존재하는 물의 양이 극히 적기 때문이다. 〈그림 7-2〉에서 볼 수 있듯이 물의 대부분은 바다, 퇴적물, 빙모로 되어 있다. 대기 중에 존재하는 것은 언제나 물분자 10만에 1개뿐이며, 그 물도 거의 모두 대류권(對流圈)에 있다. 성층권(成層圈)의 밑바닥 온도가 매우 낮기(-90℃) 때문에 대류권에서 성층권으로 올라가는 대기는 완전히 말라 버린다(수증기는 눈 결정으로 되어 대류권으로 되돌아간다). 이와 같이 지구의 수소는 도망갈 여지가 거의 없다. 46억 년을 지내는 동안 극히 적은 양의 물을 잃어버렸음에 지나지 않는다.

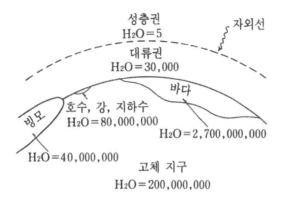

성층권
$H_2O = 5$

자외선

대류권
$H_2O = 30,000$

바다

호수, 강, 지하수
$H_2O = 80,000,000$

빙모

$H_2O = 2,700,000,000$

$H_2O = 40,000,000$

고체 지구
$H_2O = 200,000,000$

그림 7-2 | 물의 분포

지구에 둘러싸인 수소는 대부분 물의 성분으로 되어 있다. 물의 약 90%는 바다를 만들고, 나머지 대부분은 맨틀과 지각의 고상에 스며들고 있다. 담수(호수, 강, 지하수 등)는 전체의 3%, 극빙은 1.5%에 지나지 않는다. 대기 중에 수증기가 되어 나오고 있는 것은 극히 소량이며, 그 대부분은 최하층의 대류권에 있다. 성층권에 포함되는 수증기는 물분자 총수의 10억 분의 2. 이것이 중요한 이유는 태양자외선에 분해되는 것은 성층권의 물뿐이기 때문이다. 그림 중의 숫자는 물의 양(단위 108g)이다

표면 온도를 정하는 것

처음으로 적당량의 물이 생기고 그것이 표면에 나타나 유지하게 되면, 나머지 필요조건은 이 물이 대부분 액체로 있을 수 있는 온도를 지구가 유지하는 것이다. 거대한 빙층(氷層)을 만들어서는 그다지 생물에게 도움이 되지 않고, 모두 수증기로 바뀌어 대기 중으로 나와도 역시 안 된다.

행성의 표면 온도는 뭐니 뭐니 해도 태양에서 오는 빛의 양에 좌우되지만, 표면의 반사 능력과 대기 중에서의 온실효과를 낳는 가스의 양에도

관계가 있다. 입사광의 양만으로 정해져 버리는 것은 표면이 물리학에서 말하는 흑체(黑體)의 경우에 한정된다. 흑체라는 것은 반사가 일어나지 않고 표면에 입사한 태양광을 모두 한차례 흡수해 나중에 행성 적외선으로 바꾸어 재방사하는 성질의 천체이다(그림 7-3). 이때 방사된 행성 적외선을 흡수해버리는 가스가 대기에 포함되어도 안 된다. 지구가 만약 흑체라면 지표의 평균온도는 5℃ 내외가 될 것이다(표 7-2).

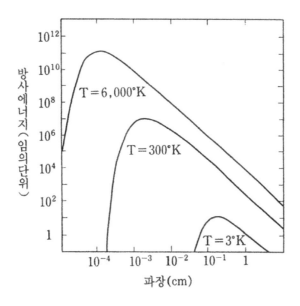

그림 7-3 | 흑체방사

물체의 온도가 높아지면 방사에너지의 양도 급히 많아진다(6000K의 물체에서는 300K의 물체의 약 1만 배, 3K의 물체의 1억 배). 방사량이 최대가 되는 파장은 표면 온도가 6000K의 별에서는 가시역(可視域), 300K의 행성에서는 적외역(赤外域) 우주의 배경 방사에 상당하는 3K에서는 마이크로파의 영역에 온다

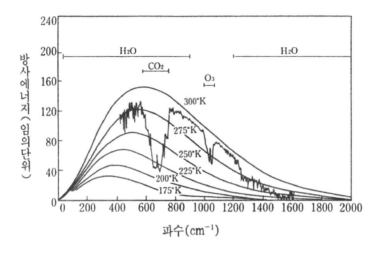

그림 7-4 | 지구적외선을 흡수하는 대기의 분자

매끄러운 곡선군은 그림에 나타난 각 온도에 대한 흑체방사의 스펙트럼. 횡축의 파수(波數)는 파장의 역수에 상당한다. 톱니 모양의 선은 괌도 상공의 대기상층에서 방사되는 지구적외선 스펙트럼의 실측치. 깊은 계곡은 대기 중의 수증기, 이산화탄소, 오존의 흡수로 생긴다. 주요한 흡수역은 선분으로 나타내고 있다

지구는 흑체가 아니다. 구름이나 빙모나 사막이 지표에 입사하는 태양광의 상당한 부분(약 33%)을 공간으로 반사하고 있다. 반사광은 지표를 따뜻하게 하는 아무 역할도 하지 못하기 때문에 그것만이 흑체와의 차이라면 지표의 평균온도는 영하 20°C로(물은 모두 얼음으로) 되어 버릴 것이다.

그런데 지구의 대기에는 3개 이상의 원자가 결합해서 생긴 분자가 있는데 이 종류의 분자는 적외선을 흡수하는 힘을 갖고 있다(그림 7-4). 주된 것은 수증기(H_2O), 이산화탄소(CO_2), 메탄(CH_4), 아산화질소(N_2O)이다. 적외선이 흡수되면 행성은 따뜻해진다. 지구의 경우 이런 온실효과가 반사에

의한 태양광의 손실을 메꿔도 여분이 남는다. 지표의 평균 온도는 흑체의 경우보다 10℃나 따뜻하다(표 7-2).

이와 같이 행성의 표면 온도를 구하는 데는 태양빛의 입사량과 함께 표면 부근의 반사 능력과 대기 중의 적외선 흡수 가스의 양을 함께 알고 있어야 한다.

행성의 반사 능력은 물의 양 및 물의 상태(기체인지, 액체인지, 고체인지)에 일정한 관계를 갖고 있다. 해수는 그만큼 반사 능력이 높지 않지만, 얼음은 반사 능력이 높고, 구름은 그들의 중간 정도이다. 식물은 도달하는 빛의 거의 대부분을 흡수하기 때문에 삼림에는 눈부신 빛이 없다. 반대로 불모의 대지에 닿은 빛의 약 반은 반사한다. 육지를 뒤덮고 빛을 흡수하고 있는 식생의 퍼짐도 앞에서 나타냈듯이 강우량에 지배된다.

행성의 온실효과는 또한 물의 양과 물의 상태에 깊이 관계된다. 오늘날 지구에서 방사되는 적외선을 흡수하는 가장 중요한 물질은 수증기이다. 수증기의 온실효과에 의해 따뜻해지는 정도는 구름의 반사로 식어가는 것을 거의 상쇄하고 있다.

이것은 바람직하지 않은 상태의 이야기이다. 무언가의 수단으로 태양에너지의 출력을 멈추고, 대륙이 눈에 덮이고 바다가 빙원(氷原)으로 변하기까지 기다린다고 하자. 그런 다음에 태양을 먼저와 같은 출력으로 되돌린다. 그래도 바다는 얼어붙은 대로이다. 왜냐하면 눈의 반사 능력이 높아 태양에서 오는 에너지를 대부분 '되돌리기' 때문이다. 지구는 마침내 차가워질 것이다.

	대기의 질 량 $\frac{kg}{cm^2}$	태양에서의 거리 10^6km	입사태양 에너지 $\frac{10^6 ergs}{cm^2 sec}$	흑체 온도 ℃	태양광 반사율	반사 냉각 ℃	온실성 가 열 ℃	실제의 표면온도 ℃
수성	0	58	9.2	+175	.06	−5	0	—
금성	115*	108	2.6	+55	.71	−84	+460	+430
지구	1.03†	150	1.4	5	.33	−25	+35	+15
화성	0.016*	228	0.6	−50	.17	−10	+15	−45

표 7-2 | 지구형 행성의 표면온도를 정하는 인자

* 주로 CO_2
† 주로 N_2+O_2

반대로 얼마간의 수단으로 에너지 출력을 높여 바다가 비등하고 대기 중의 수증기의 농도가 높아질 때까지 기다린다고 하자. 그런 다음 태양을 원래의 출력으로 되돌린다. 지구는 더운 채로, 증기의 두드러진 온실효과에 의해 지표의 온도는 내려가지 않아 증기는 액화할 수 없게 된다. 따라서 언제까지나 더운 상태로 있을 것이다.

사정은 간단하지 않다. 지구는 흑체로 했을 때의 온도는 물이 액체로 있을 수 있는 온도의 범위이지만, 얼음의 높은 반사 능력이 효력이 있다면 얼어붙어 버리는 일도 있을 수 있고, 수증기의 강한 온실효과가 기여하게 되면 비등하는 일도 있을 수 있다.

금성에게서 무엇을 배우는가?

이산화탄소는 행성의 표면 온도를 알아내는 데 매우 중요한 실마리가 된다. 지구 대기의 경우에도 온실효과를 일으켜 물에 버금가는 자리를 차지한다. 이산화탄소의 양은 무엇을 확실하게 말해주는가. 초기의 성운에서 탄소의 대부분은 메탄가스를 만들었다. 따라서 고스란히 잃고 말았다. 지구는 방법은 알 수 없으나, 모체의 성운물질에서 3,000개에 1개 정도의 비율로 탄소원자를 받아들였다. 탄소의 대부분은 지금 지구 표면에 있고 그 적은 부분(원자수에서 100만 개당 60개)은 이산화탄소로서 대기 중에 포함되어 있다. 그리고 대부분은 탄산칼슘(즉 석회암) 및 불용성 유기물(케로신이라 한다)의 형태로 퇴적하고 있다. 지구의 탄소가 전부 이산화탄소로 바뀌면 그 양은 질소와 산소의 합의 100배 이상이 된다. 이산화탄소 대기가 나타내는 압력은 뭐니 뭐니 해도 100기압(깊이 1km에 잠긴 심해정의 선복에 미치는 압력과 같다)을 넘는다.

이산화탄소에 관계되는 상황이 지구와는 전혀 다르게 보이는, 잊어서는 안 되는 천체로 금성(金星)이 있다. 금성은 거의 이산화탄소만으로 팽대한 대기를 갖고 있다. 이산화탄소 대기의 온실효과 때문에 표면 온도는 430°C의 염열지옥(炎熱地獄)이다. 금성과 지구와는 크기도 밀도도 칼륨 대 우라늄의 비도 대충 같기 때문에 처음 생겨났을 때는 휘발성분의 양도 같았다고 생각해도 좋을 것이다. 현재 금성 대기에서 이산화탄소를 만들고 있는 탄소의 총량은 지구상의 석회암과 케로신에 잡혀 있는 탄소의 총량과 거의 같아지기 때문에 이 생각은 올바른 것으로 믿고 있다.[13] 만약 지구의 석회암과 케로신에 함유 되어 있는 이산화탄소가 가스가 되어 대기 중에 방출하게 되면 이러한 금성의 모습은 지구에서도 있을 법한 일이다.

이에 반하여 물에 관해서 금성과 지구를 비교했을 때 생각해야 할 것이 있다. 금성이 처음에 지구와 같은 휘발성분을 갖고 있었다고 하면 어느 정도의 바다(또는 그 고온 때문에 정확히는 수증기가 우세한 대기[14])가 있었다고

---

[13] 금성은 고온이기 때문에 생명은 존재할 수 없고, 따라서 케로신은 분명히 존재하지 않는다. 석회암은 열분해해 버리고 탄소는 이산화탄소의 형태가 된다. 금성 표면의 탄소가 모두 이산화탄소로 되어 대기 중에 있는 것은 이상한 것이 아니다.

해도 좋을 것이지만, 현재 금성의 대기에 수증기가 우위를 차지한다는 것은 거의 검출할 수 없다.

많은 연구자는 금성에 물분자의 형태로 포함되어 있던 수소는 공간으로 도망가 버렸다고 보고 있다. 극단적으로 고온인 대기 때문에 물분자는 사실상 대기의 '정상'까지 운반되어, 자외선의 작용에 의해 분해되어 수소 원자를 만들고 도망가 버렸다. '남은' 산소는 아래로 되돌아와 표면에 이르고 고온의 지각에 포함되어 있던 산화철(FeO)은 점차 적철석(Fe_2O_3)으로 교대되었을 것이다.

금성의 대기를 뚫고 내려간 미국의 무인탐사기가 이 생각을 지지하는 증거를 찾아냈다. 탐사기는 고열에 의해 부서져 버리기까지 대기 중에 흔적만 있던 물의 동위원소 조성을 재고 지구에 전파를 보내왔다. 어찌 된 일인지 금성에서는 수소 중의 중수소(^2H)의 비율이 지구의 100배나 되었다. 중수소원자는 보통의 수소(^1H)원자와 비교하면 무게가 배이기 때문에 도망갈 확률은 훨씬 적다. 따라서 금성으로부터 수소가 도망가 버린다고 하면 남은 물에는 중수소의 농도가 높아질 것이다. 중수소가 100배로 농축되어 있다는 점에서 금성도 지구에 뒤지지 않을 양의 물이 있다고 바로는 말할 수 없지만, 지금보다도 적어도 1,000배나 되는 다량의 물이 있었던 것이 된다.

그러면 금성과 지구가 휘발성분에 있어서 거의 똑같이 출발했으리라

---

[14] 만약 지구가 따뜻해져 바다가 완전히 증발하면 수증기의 압력은 지금 대기압의 270배가 된다.

는 것은 충분히 있을 수 있다. 지구는 여러 가지 이유에서 탄소를 퇴적물에 안전하게 저장해 두는 방향으로 진화했다. 그 결과 온실효과의 폭주라고 하는 나쁜 사태를 벗어날 수 있었다. 한편 금성은 어딘가에서 슬쩍 빼앗아 이산화탄소가 대기 중에 불어났다. 그리하여 생명도 죽여 버리는(생물이 발판을 만들고 있었다고 가정해도) 혹서(酷暑)가 나타났다. 그렇게 고온 상태로 된 행성을 한 번 더 식히는 데는 도대체 어떻게 하면 좋을까? 상상할 수도 없는 일이다.

지구는 어떻게 해서든지 온실효과 폭주의 올가미를 벗어났을 뿐 아니고 '은세계화'(銀世界化)에 끌려들어 가는 것도 피할 수 있었다. 온실효과 폭주 혹은 반사력 폭주의 재앙이 지구를 덮친 것이 과거에 있었다면 퇴적물의 기록을 조사하면 사건의 확실한 증거를 밝힐 수 있을 것이다. 완전한 기록을 간직하고 있다고 할 수 있는 과거, 적어도 30억 년 중에는 그 증거는 없고, 모든 퇴적층은 물에서 쌓인 퇴적물로 되어 있다. 지구의 물이 전부 기화하거나 전부 빙결한 일은 있을 수 없다. 행성 지구호는 기후에 관한 한 지극히 신중한 길을 택했으며 표면의 평균기온을 물의 빙점보다는 높게, 비점보다는 낮게 고정시켰다.

금성의 지사(地史)를 알아내는 방법은 없다. 우주비행사가 달에서 행했던 것처럼 표면에 발자취를 남긴다는 것은 있을 수도 없는 일이다. 소련은 금성의 뜨거운 표면에 몇 개의 무인 탐사기를 착륙시키는 어려운 일을 수행했지만, 지독한 조건하에서 온도, 압력, 대기조성 및 표면에 있는 암석의 칼륨과 우라늄의 존재비를(3장에서 말했듯이) 재고, 전파로 자료를 보내온 후에는 작동이 멈춰 버렸다.

금성에서 반사한 레이더를 조사하면 큰 지형이 펼쳐져 있고 활동 중의 지각 구조가 있음을 예상할 수 있다. 아쉽게도 이들 발견에도 불구하고 어쩔 수 없이 금성의 기후를 푸는 실마리는 얻을 수 없었다. 극단적으로 강한 태양광 때문인지, 초기의 물이 지구보다 적었던 것인지, 그렇지 않으면 선택을 잘못하면 이렇게 된다고 하는 상징을 신이 금성을 예로 들어 나타낸 것인지…….

지구의 온도는 왜 일정한가?

지구의 온도는 지사의 대부분 기간 동안 0℃와 100℃의 사이에 머물고 있었다고 보이지만, 일정하지 않았다. 약 1,000만 년 전부터는 한기(寒期)에 해당하고 지금도 대륙빙이 남극 지방과 그린란드를 덮고 있다. 최근 100만 년 사이에 8회 나타난 대빙하기에는 빙모대가 훨씬 넓었다. 그것에 반해서 1억 년 전부터 6,500만 년 전에 이르는 백악기(白堊紀) 동안 지구는 대단히 따뜻해서 어디에도 육지를 덮는 만 년 빙하 등이 없었고 온대의 기후가 양극에까지 퍼져 있었다. 한편 빙하기는 2억 4천만 년 전에서 4억 년 전 사이에도 있고, 21억 년 전에서 25억 년 전에도 나타난 증거가 있다. 기후가 한기로 향하는 경향을 일으키는 원인은 무엇일까. 또한 지구 전체를 보호한 온도의 자동조절의 과정이 있었다고 말할 수 있을까?

248

지구 전체가 한 번도 동결하기에 이르지 않은 것은 왜인가? 평범한 이야기로 해설해 보자.

해설을 위해 우선 지각, 흙, 바다에서 일어나고 있는 화학적인 순환과정을 살펴볼 필요가 있다. 이야기를 간단히 하기 위해 본질적인 부분은 지구와 같게 하고, 복잡하게 얽힌 세부사항을 생략한 가상의 행성을 생각한다 (그림 7-5).

가상 행성의 지각을 덮고 있는 흙 속에서는 다음과 같은 화학반응이

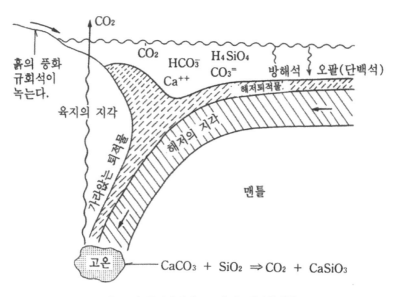

그림 7-5 | 육지의 아래로 스며드는 바다의 지각

표층의 퇴적물은 맨틀 깊이로 운반된다. 퇴적물은 열변을 받아, 탄소염 광물은 분해해서 이산화탄소가 생긴다. 이산화탄소는 지구 표면으로 나와 바다-대기 계로 돌아온다. 최후에는 바다 생물의 힘으로 칼슘과 결합해서 방해석을 만든다. 방해석은 해저에 퇴적해서 다시 침수대로 움직여 간다

일어난다. 이는 흙 속의 물에 녹아 있는 이산화탄소 분자가 규회석을 녹이고, 칼슘 이온, 탄산수소 이온과 규산이 생기는 반응이다.

$$3H_2O+2CO_2+CaSiO_3 \rightarrow Ca^{++}+2HCO_3^-+H_4SiO_4$$

생긴 이온과 분자는 물과 함께 암석에 스며들고, 가까운 강을 거쳐 바다로 흘러들어 간다. 바다에서는 생물이 그것을 사용해 껍질을 만든다. 생물에 따라서는 방해석($CaCO_3$)의 껍질을 만드는 데 그 경우 반응은 다음과 같다.

$$Ca^{++}+2HCO_3^- \rightarrow CaCO_3+H_2O+CO_2$$

다음의 반응으로 단백석(오팔)을 만드는 생물도 있다.

$$H_4SiO_4 \rightarrow SiO_2+2H_2O$$

방해석과 단백석을 해저에 침전하여 [지각의 침식으로 생긴 규회석의 암설(岩屑)과 함께] 퇴적물을 만든다.

퇴적물은 큰 지판(地板)에 실려 수속대(收束帶)에 이르기까지 수평으로 움직여가며 마침내 일부분은 맨틀 속으로 가라앉는다. 그곳에서 지구 내부의 고온의 영향하에서 방해석과 단백석이 반응해서 규회석과 이산화탄소가 생긴다.

$$CaCO_3 + SiO_2 \rightarrow CaSiO_3 + CO_2$$

규회석은 처음으로 되돌아와 지각의 재료가 된다. 발생한 이산화탄소는 대기 중으로 빠져나와 이것도 원래대로 돌아가게 된다.

이야기의 배경은 이것으로 끝맺는다. 이 순환과정의 볼 만한 대목은 위에서 말한 화학반응에 의해 대기의 이산화탄소의 함유량이 어떻게 변해 왔는가 하는 것이다. 물질의 순환을 일으키고 있는 기본 메커니즘은 판구조론으로서 퇴적물이 지구 표면에서 고온의 심부로 운반되어 방해석과 단백석을 반응시켜 이산화탄소를 방출하기에 이르렀다. 이리하여 대기나 바다에 들어 있는 이산화탄소의 양이 정해진다. 그렇게 되면, 대기와 바다에 새롭게 보태지는 양과 같은 분량이 바다를 거쳐(방해석의 퇴적물이 되어) 제거되어 가지 않으면, 대기 중의 이산화탄소의 양은 점점 증가해 버린다. 반대로 생물의 기능이 너무 크면 대기와 바다의 이산화탄소 함유량은 감소해 간다.

대기와 바다라는 가스 저장고에 보태지는 탄소가스의 양과 제거되는 양이 균형을 맞추는 데는 어떻게 하면 좋을 것인가? 해답의 열쇠는 생물이 방해석을 만드는 데는 이산화탄소만이 아니고, 칼슘이 필요하다는 데에 있다. 육지에서 일어나는 화학반응 때문에 생긴 칼슘이 바다에 녹아버리는 양을 지나쳐서 해저에 방해석이 침전하는 일은 없다. 그 칼슘의 생성량을 지배하는 것은 흙의 온도(화학반응은 뜨거워지면 빨라진다), 강우량(흙에 스며드는 물이 많을수록 반응량이 는다), 흙에 있는 물(토양수)의 이산화탄소 함유량(이산화탄소는 산성을 나타내기 때문에, 물에 녹은 이산화탄소의 양이 증가할수록 광물은 녹기 쉬워진다)이다.

이제부터가 이야깃거리로 내세울 만한 일들이다. 앞에서 말했듯이 이산화탄소의 대기에 보태지는 양 만큼 방해석이 되고, 심해저에 퇴적하는 양보다 많으면 대기 중의 이산화탄소 함유량이 증가한다. 그 결과 일어나는 것은

1. 행성이 따뜻해진다(온실효과 때문에).
2. 행성이 습해진다(난기(暖氣)가 다량의 수증기를 포함하고, 강수량이 많아지기 때문에).
3. 흙의 이산화탄소 함유량이 늘어난다.[15]

결국 대기 중의 이산화탄소 함유량이 증가해 가면, 육지에서 녹는 칼슘의 양이 늘어나게 되고, 방해석의 침천량도 증가한다. 방해석이 생기는 비율이 늘면 이산화탄소는 대기에 보태지는 것과 같은 비율로 대기와 바다에서 해저에 둘러싸이게 될 것이다. 이렇게 해서 이산화탄소의 함유량

---

[15] 그 이유는 두 가지 있다. 첫째는 대기 중의 이산화탄소가 증가해 흙에 있는 물에 녹는 양이 늘어나는 것, 둘째는 강우량이 늘기 때문에 식생이 퍼져 뿌리의 호흡량이 늘고, 흙에 이산화탄소가 늘어나는 것. 두 번째가 첫 번째보다 훨씬 중요할 것이다.

상승이 저지된다.

　이 이야기를 근거로 하면, 지구의 물이 완전히 동결된다면 어떤 일이 일어나리라는 것을 바로 상상할 수 있다. 방해석을 만드는 바다의 생물은 없어진다. 육지에서 화학적 침식(용식작용)은 멈춰 버린다. 그러나 이산화탄소는 변함없이 지구 내부의 고온에서 해방되어 대기 중으로 옮겨져 계속 늘어난다. 그 결과 기온이 올라가 얼음이 녹아버리면 침식이 시작되어 또다시 방해석이 생기게 된다.

　그러면 우주의 어디에서도 탄소를 받아들인 행성은 동결하지 않는가? 아니 전에 말했듯이 행성이 너무 작으면 이산화탄소는 바깥으로 도망가 버린다. 행성이 태양에서 너무 멀면 차가워서 이산화탄소는 드라이아이스가 될 것이다. 화성에는 이산화탄소의 빙모가 있다고 여겨지고 있다. 이산화탄소의 자동온도조절장치(thermostat)는 지구에는 효과가 있지만, 만능은 아니다. 또 한편 지구가 너무 따뜻해졌을 때 이것을 막는 자동온도조절장치는 없다고 생각된다. 금성의 상황은 그러한 제어력이 없음을 말해 준다.

빙하기는 왜 일어나는가?

　지구는 반사력이나 온실효과에서 오는 재앙으로부터는 면하고 있지만, 온도가 언제나 일정하게 머물러 있었던 것은 아니다. 해저에 침전한 퇴적물이 남긴 기록을 조사해 보면 짧은 기간 동안에 대변화가 일어난 흔적이 있다. 특히 강한 인상을 주는 것은 최근 100만 년간의 기록으로서 10만 년마다 큰 빙기가 도래하고 있다. 주기 그 자체는 그다지 규칙적인 것은 아니지만, 그 시기에는 북아메리카에서 유럽에 걸치는 대륙의 넓은 범위가 빙하빙으로 덮였다. 빙기는 언젠가 갑자기 종말을 고하고 따뜻함이 되돌아와 금세 간빙기의 상태가 넓어졌다. 빙기의 최성기와 간빙기의 최성기에 얼음으로 덮인 지역의 차이를 〈그림 7-6〉에 나타내 보았다.

빙하가 남긴 퇴적물에 의해 대륙빙하의 지리상 분포를 알 수 있는 한편, 퇴적물을 조사함으로써 빙하의 역사를 전해주는 둘도 없는 기록도 얻을 수 있다. 그것은 해저를 살림집으로 하고 있던 미생물인 달팽이와 닮은 저생유공충(底生有孔虫)의 껍질에 보존되어 있다. 그것은 지각을 만들고 있는 방해석 중의 ^{18}O 원자와 ^{16}O 원자의 수의 비가 해수 중의 ^{18}O과 ^{16}O의 비에 반영되기 때문이다. 중요한 것은 해수 중의 ^{18}O과 ^{16}O의 비의 값이 빙하지역의 확대 또는 축소에 따라서 변하는 일이다.

수증기가 구름 속에서 응결(凝結)할 때, ^{16}O 성분으로 된 물분자와 ^{18}O 성분으로 된 물분자의 분별이 일어나기 때문에 빙하의 위에 쌓인 눈에서는 ^{18}O 대 ^{16}O의 값이 해수보다 몇 % 작아진다. 그렇게 되면 대륙빙하를 만드는 빙하빙의 ^{18}O의 양은 줄어들고, 해수 중의 ^{18}O은 증가하게 된다(그림 7-7).

빙하기의 해수의 ^{18}O 대 ^{16}O의 비는 오늘날의 비보다도 얼마 되지 않지만 조금 컸다. 깊이에 따라 채취된 해저에서 채취한 코어(시추공 표본: 가는 원통형) 시료에서 유공충 껍질을 꺼내서 ^{18}O 대 ^{16}O의 비를 잰 결과는 〈그

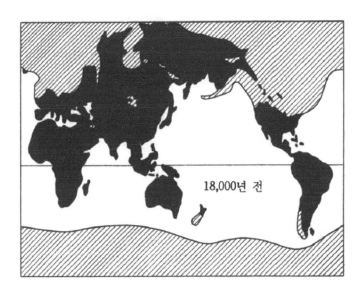

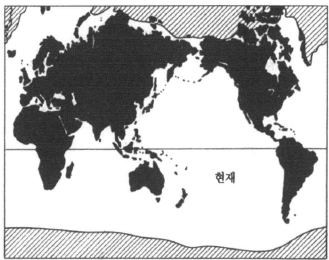

그림 7-6 | 18,000년 전의 빙하기의 최대 빙하역과 현재의 극빙역

빙하의 일부는 육지를 뒤덮고 있고, 일부는 바다에 떠 있다(George Kukla, 라몬트·도하티 지질
학 연구소)

림 7-8〉에 도시된 바와 같다. 이 미생물 껍질의 동위원소의 비는 대륙빙하의 총체적인 기록으로 남게 된다. 기록에 대응하는 연대는 운석의 연령을 조사했을 때와 같이 방사성 동위원소의 모래시계를 이용해 구할 수 있다.

지구의 기후가 놀라울 만큼 주기변화를 반복하고 있다는 것을 알면 그 원인은 무엇인가 알고 싶어질 것이다. 제일 먼저 생각할 수 있는 것은 태양을 도는 지구의 궤도가 주기적으로 변한 것에 기인된다고 생각되어 왔다. 지구궤도의 모양은 아주 오랜 기간을 평균으로 잡으면 일정하지만, 짧은 기간에는 평균에서 기울어져 있음이 반복해서 일어나고 있다.

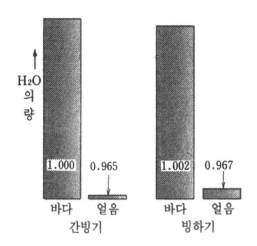

그림 7-7 | 해수와 대륙빙하로 배분되는 H_2O

간빙기(현재)와 빙하 최성기(18,000년 전)의 비교. 높이는 물의 양, 숫자는 각각의 물의 $^{18}O/^{16}O$의 비를 현재의 바다의 값으로 나눈 수. 얼음은 해수에 비해 ^{18}O이 약 3.5% 줄기 때문에, 빙하가 발달하면 바다 ^{18}O의 농도가 조금 증가한다

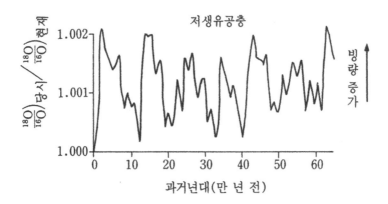

그림 7-8 | 해저 퇴적물을 만드는 유공충(有孔史)이 남긴 $^{18}O/^{16}O$의 기록

비의 값이 커지는 것은 대륙빙하가 발달했을 때이다. 횡축의 연대는 방사성 원소의 측정에서 결정된다. 급속한 빙하 후퇴가 약 10만 년마다 일어나고 있다

그런 궤도의 변동이 기후변화에 있어서 중요한 이유는 그 변동이 사계절의 대조적인 기후변화에 영향을 미치기 때문이다. 지표면의 한 지점에서 본 여름과 겨울의 태양광의 배분은 지구궤도에 관계되는 두 가지 사실이 결정적인 원인이 된다. 첫째는 궤도의 평면에 대해 지구의 자전축이 기울어져 있다는 것이다(그림 7-9). 자전축이 똑바로 서 있지 않기 때문에, 태양은 궤도 위의 어떤 곳에서 지구의 북반구 위를 직사한다. 6개월 후에는 궤도상의 다른 장소에서 남반구상에서 직사한다. 이것에 대해서 지구가 궤도면에 직립해 있으면 태양은 언제나 적도 위에 있고 경사에 기인되는 계절은 생기지 않는다. 반대로 기울기가 커지면 받아들이는 태양광 방사량의 계절에 따르는 변화는 뚜렷해진다.

〈그림 7-9〉에는 여름과 겨울이 생기는 두 번째 원인도 그려져 있다. 지구의 궤도는 원에서 약간 벗어난 타원이다. 누구나 알고 있듯이 종이에 원

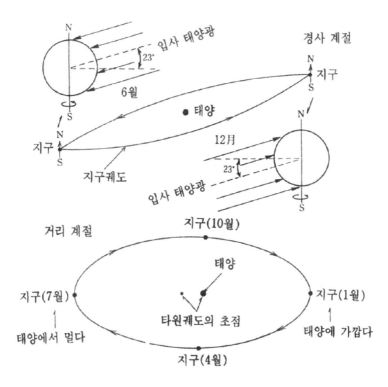

그림 7-9 | 사계(四季)가 생기는 이유

지구의 궤도운동과 지상의 한 점에 오는 방사량의 계절 변화와의 관계를 나타낸다. 계절이 생기는 첫째 이유는 지구자전축이 궤도에 대해 기울어져 있는 것이다. 북반구에서는 6월, 남반구에서는 12월에 지표면에 미치는 방사량이 최대가 된다. 두 번째 이유는 지구의 궤도가 타원이고 태양에서 지구까지의 거리가 1년 주기로 바뀌는 것. 현재 지구는 1월 상순에 태양에 가장 가까워지고, 7월 초에 가장 멀어진다. 7월에는 1월보다 태양에서 오는 방사량이 6.5% 적다

을 그리는 데는 실을 연필에 묶고 다른 끝을 원의 중심으로 해서 연필을 한 바퀴 돌리면 된다. 타원은 초점이 두 곳에 있다. 타원을 그릴 때는 실의 양 끝을 두 개의 초점에 핀으로 고정시킨다. 연필은 묶지 말고 실을 걸어서 V자를 만든 채 한 바퀴 돌리면 된다. 초점의 간격이 길수록 찌그러진 타원이 된다(원과의 차이가 커진다).

행성이나 위성도 완전한 원궤도인 것은 없고 모두 타원궤도를 그린다 (3장 〈표 3-1〉). 중력의 법칙에 의하면 행성궤도의 한쪽의 초점이 태양의 위치가 된다.

지구궤도가 타원이기 때문에 무엇이 일어나는가 말할 것까지도 없을 성싶다. 1년 동안에 태양과 지구 사이의 거리가 변하므로, 평균보다 가까운 곳에서는 지구는 보다 많은 방사를 받고, 먼 곳에서는 적은 방사밖에 받을 수 없다.

이 두 종류의 계절 주기를 합성하면 어떻게 될까. 〈그림 7-10〉에 나타냈다. 오늘날 북반구에서 양자는 역관계에 있다. 지구의 북반구가 태양과 서로 마주 보고 있을 때, 지구는 궤도상에서 태양으로부터 가장 먼 곳에 있다. 반대로 남반구가 태양을 향해 있는 것은 지구가 태양에 가장 가까울 때이다. 즉, 계절에 따라 대조적 형편이 달라지는 두 가지 원인(경사와 거리)은 남반구에서는 더욱 확실하다.

중요한 것은 상황이 연대와 함께 변해 가는 것이다. 그것은 지구가 회전팽이처럼 목흔들기(세차운동)를 하기 때문이다. 지구나 팽이에서의 목흔들기의 원인은 같으며 회전축이 기울어져 있는 것에서 기인한다. 기울어

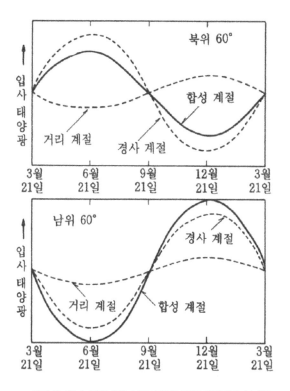

그림 7-10 | 북위 60°, 남위 60°의 입사 태양광의 연변화

현재는 남반구에 관해 경사 계절과 거리 계절이 서로 강하게 하고 있다. 북반구에서는 역으로 서로 약하게 하고 있다

진 팽이는 지구의 중력으로 넘어지지 않으려고 목흔들기를 한다. 기울어 진 지구에는 지축을 세워서 적도 부분의 부풀은 곳을 궤도면에 가지런히 맞추려고 하는 힘이 태양에서 작용한다. 지구는 바로 서려고 목흔들기를 한다(지축의 방향을 바꾸어 기울기를 바꾸려고 하는 힘에서 도망간다).

팽이의 회전수는 목흔들기 횟수보다 훨씬 많다. 마찬가지로 지구의 자전도 목흔들기보다 훨씬 빨리 일어나고 있다. 1회의 목흔들기의 시간은 876만 일(2만 4천 년)이다.

계절을 생각하기에 앞서 세차(歲差)가 중요한 것은 이를테면 북반구가 태양과 마주 보고 있을 때 궤도상의 위치가 목흔들기 때문에 점점 바뀌기 때문이다. 〈그림 7-11〉에서 알 수 있듯이 1만 2천 년 전에는 북반구가 태양과 마주 보고 있던 것은 지구가 태양에 가장 가까운 곳을 통과하고 있을 때 해당하고 있었다. 따라서 북반구에서는 오늘날과는 반대로 경사에 의한 계절과 거리에 의한 계절의 차이가 현저하게 나타났다. 이처럼 목흔들기는 대조적인 차이를 주기적으로 바꾸는 원인이 된다.

지구의 세차운동에 보태져 지구의 궤도에는 그 밖에도 두 종류의 주기적인 변화가 일어나고 있다. 원인은 둘 다 다른 행성 특히 크고 비교적 가까운 거리에 있는 목성의 인력이다. 행성의 인력에 의해 지구궤도의 타원형이 점점 변해 간다. 어떤 연대에는 지금보다 찌그러지고 다른 어떤 연대에는 훨씬 둥글었다. 찌그러진 쪽의 큰 궤도에서는 거리에 의한 대조적인 계절의 변화가 눈에 띄게 현저하다.

행성의 인력에 의해 지구궤도의 기울기도 바뀐다. 기울기가 클 때는 여름과 겨울의 대조 정도가 늘고, 기울기가 작아지면 대조적인 계절의 변화도 줄어든다.

행성 개개의 질량과 현재의 궤도를 알고 있기 때문에 지구궤도의 이심률(離心率)이나 기울기가 연대와 함께 어떻게 변화해 왔는가를 정밀하게 계산할 수 있다. 그 결과를 〈그림 7-12〉에 도시했다. 기울기의 변동은 대체

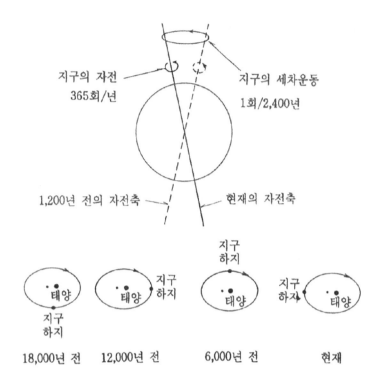

그림 7-11 | 지구자전축의 세차운동

지구는 회전하는 팽이처럼 목흔들기(세차운동)를 하고 있다. 주기는 24,000년. 목흔들기 운동 때문에 지구가 궤도상의 어느 위치에 왔을 때 북반구의 입사 태양광이 최대가 되는가가 변해간 다. 현재의 위치는 궤도상에서 태양에서 가장 떨어진 점에 해당한다. 12,000년 옛날(반주기)에 는 훨씬 가까운 점에 있었으며, 여름의 일사(日射)는 지금보다 강했다. 지구에서도 팽이에서도 목흔들기의 원인은 자전축이 기울어져 있는 점에 있다. 기울어진 팽이는 지구의 중력으로 넘어 지는 것으로부터 도망가기 위해 목흔들기를 한다. 기울어진 지구에는 지축을 세워서 적도 부분 의 부풀어 오른 곳을 궤도면에 가지런히 하려고 하는 힘이 태양으로부터 작용한다. 지구는 지 축을 세우지 않으려고 하며 지축의 방향을 가로로 움직여 놓기 때문에 목흔들기가 일어난다

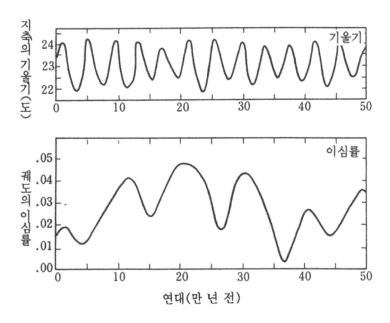

그림 7-12 | 지구의 자전축의 기울기와 궤도의 이심률 변화

지구 및 지구에 인력을 미치는 모든 행성의 질량과 현재의 궤도로부터 중력의 법칙을 근거로 계산할 수 있다

로 규칙적인 것으로서 대략 4만 년의 간격을 두고 최대치가 나타나고 있다. 이심률 쪽은 조금 복잡한 변화를 하고 있지만, 최대치는 대략 10만 년씩 떨어져 나타난다.

지구의 세차운동과 기울기나 궤도 모양의 주기적인 변동이 하나가 되면 대조적인 계절의 기후에 복잡한 변화가 생겨난다. 그 변화의 역사는 지구상의 위도에 따라 다르다. 왜냐하면, 기울기 변화의 영향이 미치는 것은 고위도 지역뿐인데 거리변동의 영향은 어떤 위도의 지역에도 같게 미치

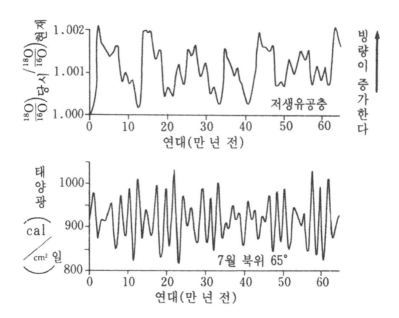

그림 7-13 | 얼음의 부피의 기록과 태양방사량(북위 65°, 7월)의 변화의 비교

기 때문이다. 〈그림 7-13〉에 여름 7월 동안 북위 65°(빙하기에 얼음으로 덮였던 중심대의 위도) 지역이 받아온 1일당 태양방사량의 변화를 나타냈다. 2만 4천 년의 세차주기와 10만 년의 이심주기와의 영향을 확실히 알 수 있다. 잘 보면, 4만 년의 기울기의 주기도 인정된다. 이 위도에서 7월에 받는 태양방사량은 1일에 1cm²당 많을 때는 1025cal 적게는 815cal 사이의 변동을 나타낸다.

〈그림 7-13〉에는 빙하 부피의 기록을 비교하기 위해 도시된 것이다. 일사(日射)의 변화와 같다고는 도저히 말할 수 없지만, 확실히 유사점이 몇

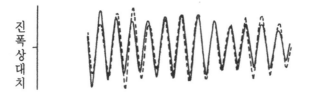

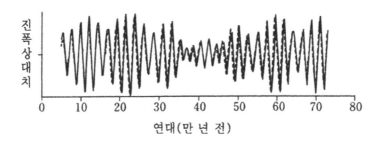

그림 7-14 │ 기후 변동의 원인은 지구궤도의 변화에 있다

위 그림: 경사각이 변하기 때문에 생기는 계절의 흔들림(파선)과 $^{18}O/^{16}O$의 기록 중에서 경사각의 변화에 상당하는 주기를 갖는 성분(실선).

아래 그림: 세차에 근거한 계절의 흔들림(파선)과 $^{18}O/^{16}O$의 기록 중에서 세차주기를 갖는 성분(실선). 지구의 기후 변동은 궤도와의 관계로 정하는 것을 알 수 있다. 여기에 이용한 해석방법에서는 ^{18}O 기록 끝에 가까운 부분은 성분을 분리할 수 없기 때문에 곡선은 현재까지 연장되어 있지 않다(John Imbrie 에 의한다)

가지가 있다. 예를 들면, 광대한 빙하가 급속히 사라진(이때 유공충의 ^{18}O 대 ^{16}O의 비의 값이 급격히 떨어진다) 것은 북반부 고위도대의 여름이 이상하게 더웠을 때이다. 빙기에 팽대한 관빙(冠氷)은 여름의 혹서에 의해 사라져 버린 것 같다.

실은 빙하 부피의 미세한 증감은 여름의 일사변동과도 세부적인 면에 이르기까지 잘 어울리는 것이다. 브라운 대학의 존 임브리(John Imbrie)는 교묘한 그래프 해석을 해서 이것을 증명했다. ^{18}O 대 ^{16}O의 변동 곡선 중에서 세차주기를 갖는 변동과 기울기의 주기를 갖는 변동을 찾아 놀랄만한 결과를 〈그림 7-14〉와 같이 도시했다.

^{18}O 대 ^{16}O의 기록 중에서 세차주기를 갖는 성분은 예상과 딱 맞는 진폭으로 변동하고 있으며 궤도의 이심률이 작을 때는 진폭이 좁아지며 클 때는 넓어지고 있다. 한편 ^{18}O 대 ^{16}O의 기록 중에서 기울기 주기를 갖는 성분은 일정한 진폭으로 안정되며 이것도 예상과 일치하고 있다. 이렇게 해서 임브리는 지구의 기후가 궤도변화의 영향을 받는 명확한 증거를 제시한 것이다.

여름철 일사의 변동과 빙하의 부피가 이처럼 서로 잘 맞아 들어가므로 지구의 궤도변화가 무엇인가의 메커니즘으로서 빙하주기를 규정하는 것은 널리 믿어지게 되었지만, 진짜 관계는 아직 확실하지 않다. 자주 말해지는 것은 대륙을 덮는 얼음은 여름의 태양방사량의 변화에 대해 겨울의 변화보다도 민감한 것이라는 이야기이다. 여름과 겨울의 기후변화의 정도가 커진 시기에는 여름의 심한 더위 때문에 얼음이 녹아서 대량으로 없어지지만, 동시에 일어나고 있는 혹한의 겨울에 그것을 회복할 수 있을 정도의 적설은 계속되지 않는다. 그런 이유에서 빙하는 계절의 기후변화가 클 때는 사라지고(혹서 때문), 차이가 작을 때는 넓어진다[냉하(冷夏) 때문].

지구궤도의 변화는 이밖에 해류의 움직임을 바꾸기도 하며, 대기 중의 탄산가스의 함유량을 바꾸고 있는 것으로 보인다.

장의 끝머리

달이나 수성과는 달리 지구는 표면에 기체를 간직할 수 있었다. 금성과 달리 온실폭주(溫室暴走)의 재앙을 벗어났다. 지표의 탄소순환으로 보이는 천연의 제어과정에 의해 얼음덩어리가 되어버리는 것으로부터도 지켜지고 있는 것 같다. 그 결과 물이 전부 증기나 얼음이 되어버리는 일은 일어나지 않고, 비교적 일정한 온도를 지킬 수 있지만, 그런대로 기온에는 상당한 흔들림이 일어났다. 가장 확실한 증거는 빙기이며, 최근에는 대개 10만 년마다 일어나고 있다. 광대한 빙하의 전진과 후퇴를 일으킨 것은 지구궤도의 작은 주기변동인 것 같다. 그렇다고 하면 행성의 기후라고 하는 것은 주위 행성의 크기와 궤도의 얼마 안 되는 특징에 민감한 것이다.

8장

자원은 어떻게 축적되었는가?

문명을 낳는 물질

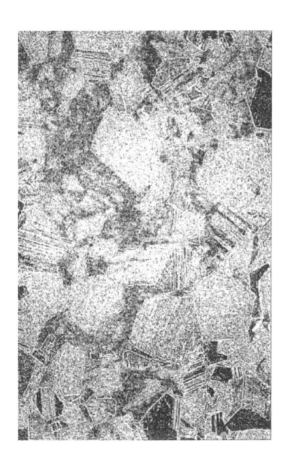

장의 첫머리

기술 문명의 발달이 가능한 행성이라는 것은 여러 가지 특별한 화학농축물에 혜택받고 있어야 한다. 그것이 문명을 구축하는 재료물질이 되기 때문이다. 인류가 나타나기 전부터 지구상에는 에너지를 생산해 내기도 하고 농공업을 행하기 위해 필요한 화학농축물이 손이 미치는 범위에 갖추어져 있었다.

생물이 바로 이용할 수 있는 화학농축물 중에서 가장 중요한 것은 산소이다. 물건을 태우기 위해 필요하다고 하기보다 어쨌든 간에 생물의 진화에 있어서 절대 빠뜨릴 수 없는 물질이다. 세균이라면 산소 없는 환경에서 유기물질을 '연소'할 수 있지만, 동물에서는 안 된다. 세균은 단세포생물이기 때문에 식물과 그것을 태우는 산화제를 세포막을 통해서 직접 거두어들일 수 있다. 동물의 경우는 수송계(혈액)가 있어서 연료(녹은 당류)와 산화제(헤모글로빈에 결부된 산소분자)를 개개의 세포로 보내고 있다. 전달계통이 있기 때문에 동물은 보기도 하고, 냄새를 맡기도 하고 느끼기도 하며, 기억하는 등등의 기능을 행하는 전문 세포를 가질 수 있게 되었다.

다세포조직이 작용하는 데 필요한 높은 농도를 지니고 운반되는 산화제라고 하면 적어도 지구의 생물에서는 이것 이외에 발견되지 않는다. 즉, 문명생물이 나타내는 필요조건의 하나는 산소가 있는 대기가 존재한다고 하는 것이다.

다음의 기본재료는 연료이다. 약 200년 전 문명이 어느 정도까지 복잡화되고, 장작에서 에너지를 구하기도 하고 동력을 풍차와 수차에 의지하는 것만으로는 불충분해져서 무언가를 찾을 필요에 이른 것이다. 소화되지 않았던 나머지 식물질이나 동물질은 대개 퇴적물 사이에 엷게 흩어져 버리는 것이지만, 약간의 부분은 거의 순수하게 농축되어 석탄·석유·천연가스로 된다. 그런 순환된 자원이 오늘날의 중요한 에너지의 기본이 되어, 인간이 사는 보람을 느끼게 했다. 공업국에서는 한 사람 한 사람이 자신의 육체에서 생기는 에너지의 약 10배에 해당하는 화석연료 에너지를 사용하고 있다. 앞으로 100년 남짓 동안에 자연이 5억 년에 걸쳐 쌓아 올린 이 농축물을 인간은 거의 연기로 바꾸어 버리는 것이 아닐까?

산소가스와 화석연료를 별도로 해도 인간은 여러 가지 자원에 의지하고 있다. 예정된 것처럼 지구에는 필요한 물질이 순도 높은 형태로 갖추어져 있으며 고도 문명으로 치닫기에 쉬웠다. 자원은 때로는 적어서 인간의 눈으로부터 숨겨져 있는 것처럼 보여도 결국에는 막대한 축적으로서 발견된다.

생명에 필요한 물질이 지구상에서 어떻게 해서 생겼을까, 이 장에서 살펴보기로 한다. 즉, 동물이 진화하기 위해(연료를 태우기 위해서도) 필수의 산소분자나 기술 문명에 있어서 최초부터 필요한 화석연료, 수십억의 인간을 부양하는 식량 생산에 빠뜨릴 수 없는 비료, 사회가 요구하는 여러 가지 물질의 원료가 되는 광석을 여기서 소개하기로 한다.

대기 중의 산소

대기는 질소 80%와 산소 20%가 섞여서 생겨났다.[16] 대기의 질소분자는 지구 전체의 질소의 주요 원천이다. 질소분자는 대단히 안정된 물질이기 때문에 대기 중에 유리되어 있어도 별로 이상하지 않다. 풀이할 수 없는 것은 산소분자의 존재이다.

원시성운에서는 산소분자가 아무리 나타나도 막대한 양의 수소가스에 섞이기 때문에 반응해서 쉽게 물분자를 만들어버린다. 화학 용어로 말하면, 성운을 지배한 환경은 고도로 '환원적'이었다. 그곳에서는 전자를 이웃에 넘겨주려고 하는 원자 쪽이 이웃에서 뺏으려는 원자보다도 많이 존재한다. 수소는 전자를 넘기려고 하는 원자의 대표적인 것이다.

수소가스 중에서는 산화철을 금속철로 되돌리는 다음의 반응도 중요하게 일어난다.

$$FeO + H_2 \rightarrow Fe + H_2O$$

산화철을 만드는 철의 원자는 중성 때 비해 원자 내부의 전자가 2개 적어진다. 그 전자는 이웃의 산소를 받아들이고 산소원자는 중성 때보다 전

---

[16] 그 밖에 소량의 물, 1%의 아르곤(거의 전부 지구의 칼륨 40의 붕괴로 생긴 아르곤 40)과 미량의 이산화탄소로 되어 있다. 7장 〈표 7-1〉 참조.

자가 2개 많다. 이렇게 해서 플러스 전기를 띤 철이온과 마이너스 전기를 띤 산소이온이 생겨 인력을 서로 미치며, 고체인 산화철이 생긴다(그림 8-1). 앞의 반응이 일어날 때 철은 잃었던 전자를 수소로부터 얻는다. 수소는 플러스 전기를 띠게 되어, 마이너스 전기를 띠고 있는 산소와 결합해서 물분자를 만든다.

지구의 내부에는 대량의 철로 된 핵이 있기 때문에 환원적인 상태로 되어 있다(성운 중의 수소 대신 여기서는 철). 대기의 산소가 만약 그 철과 접촉하면 다음의 반응이 일어나고 산소는 분해한다.

$$2Fe + O_2 \rightarrow 2FeO$$

철원자는 전자 2개를 주고 산소 원자가 그것을 받는다.

지구 표면에는 전자가 원하는 산소가스가 다량으로 있고 내부의 핵은 전자를 주고 싶은 철이 지배적이다. 핵물질을 조금이라도 대기와 접촉하는 곳에 끌어내면 금속철은 대기 중의 산소분자에 전자를 주며 녹이 슬게 되고 대기를 핵으로 불어넣으면 산소는 사라지고 산화철이 생긴다. 그리고 여기서 중요한 것은 지구를 만들고 있는 물질 전체를 혼합해 버리면 핵의 철은 대기의 산소를 압도한다는 것이다. 지구 핵의 철의 양은 대기 중의 산소보다 몇 자리나 많기 때문에 어느 한도의 산소가스가 철과 결합해도 핵의 얼마 되지 않는 부분만이 산화될 뿐이다.

지구란 성운이 남긴 성질 그대로이며, 전체적으로 고도의 환원적인 환

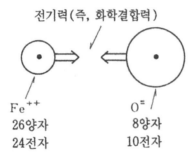

전기력(즉, 화학결합력)

Fe^{++}
26양자
24전자

O$^{=}$
8양자
10전자

그림 8-1 | 화학결합

산소원자는 다른 원자로부터 전자를 2개 빼앗아(산화작용) 음이온이 되는 경향이 있다. 철원자
는 다른 원자에게 전자를 주고(환원작용) 양이온이 되는 경향이 있다. 철과 산소가 만나면 전자
의 주고받음이 행해지고, 생긴 철이온 Fe++와 산소이온 O--와는 전기력으로 결합되어 산화
철 FeO가 생긴다

경이다. 지구사의 과정에서 왠지 대기의 부분만은 이 경향이 뒤집어져 산
화환경으로 변해버렸다. 기묘하지 않은가.

이런 산화 조건으로 되어 있는 것은 지구의 가장 바깥 표피에 한한다.
약간 속으로 들어가면 산화권(酸化圈)은 바로 끝나고 환원권(還元圈)에 이른
다. 흑해의 어떤 깊이에서는 이처럼 달라지는 곳이 있는데, 심부에서는 산
소를 함유하지 않는다. 썩은 조류(藻類)로 덮인 늪의 바닥에서 퇴적층의 약
2, 3m 밑으로 들어간 곳에서는 그렇게 되어 있다. 또한 외양(外洋)의 경우
변천이 일어나는 것은 퇴적층의 200m 밑이다. 어디든지 산화적인 조건이
지표면에서 1~2km를 넘어서 계속되는 곳은 없다.

성운으로부터 얻은 성질을 생각해 보면 지구의 대기도 처음에는 산소

가 없었는데 지질시대 동안에 어찌하다가 산화적 환경으로 되었다. 그 달라진 계기는 생명의 진화가 일어나는 데 매우 중요한 사건이었다고 생각된다. 산소분자 없는 생명은 극히 단순한 형에 그칠 수밖에 없고, 세포 하나하나에서 화학적인 자급자족을 했을 것이다. 산소분자가 나타나서 겨우 화학에너지를 분화한 세포로 보내는 수단이 생겼다. 산소분자와 유기분자는 함께 혈관을 통해서 에너지를 필요로 하는 곳으로 흐르고, 촉매의 도움을 받아 연소한다. 산소가 있는 대기에서는 작게는 곤충으로부터 크게는 공룡에 이르기까지 모든 다세포동물이 나타나는 비약적인 대변혁이 일어났다.

산소분자가 없는 환경에서는 지렁이조차 살 수 없는 것은 늪 바닥에 있는 진흙을 조사하면 알 수 있다. 그런 환원권에는 세균만이 만연한다.

환원대기에서 산화대기로 어떻게 해서 천이(遷移)할 수 있었는가 하는 것은 확실히 모른다. 하나의 과정으로서 대기의 상층부에서 수소가 빠져나가고 천천히 산화가 진행된 것으로 보여진다. 7장에서 기술했지만, 대기의 '정상'까지 올라간 물분자는 태양자외선의 작용으로 분해한다. 자유로워진 수소원자는 가볍기 때문에 탈출하고 산소는 무거워서 나중에 남겨진다.[17] 이 산소분자는 처음 한동안은 지구의 표면에 있었던 대량의 전자공급 물질과 결합해서 잃어버렸음에 틀림이 없다. 전자공급 물질이 점점

---

7) 7장에서는 이 과정에서 잃어버린 것은 지구의 수소의 극히 일부라고 기술했다. 산소를 만드는 데는 그것으로 충분하다. 현재 바다를 만들고 있는 물분자의 수는 대기 중의 산소분자 한 개에 대해 약 1,000개의 비율로 되어 있다.

그림 8-2 │ 최고(最古) 동물의 흔적

오스트레일리아 남부의 에디아카라 언덕의 사암층에 남겨진 선캄브리아 시대 후기의 화석. 둥
글고 평평한 연충류의 흔적 (R. Sprigg에 의한다)

없어지면 산소분자는 늘어나게 된다.

산소의 발생에는 생물 자신의 기능도 생각할 수 있다. 초기 생명의 하
나인 조류(藻類)는 유기물질(즉 조류 자신)과 산소가스를 만들어 냈다. 유기
물의 일부는 세균에 의해 분해되고 나머지는 퇴적층에 들어갔다. 갇힌 유
기질 탄소와 대기 중으로 나가는 산소분자의 양은 비례한다. 이렇게 해서
환원성 물질(갇힌 유기질 탄소)과 산화성 물질(산소분자)이 나누어지기 시작
한다. 수소의 분해에서 생긴 산소의 경우와 똑같이 처음 한동안 산소분자

는 대기, 바다, 흙 속에 있던 다량의 환원성 화합물과 결합해서 없어질 것이다. 몇십억 년인가 지난 후에 드디어 산소는 대기 중에서 환원성 분자인 수소, 메탄, 일산화탄소로 바뀌고 바다와 흙 속에서도 환원성 화합물로 대신하게 되었다.

한번 그 위치에 머문 후에는 지구의 내부로부터 끊임없이 나오는 환원성 물질을 억누르고 우위를 차지하게 되었다.

지구 표면에서 환원적인 상태가 없어지고, 산화적으로 된 주된 경로가 어느 쪽이 먼저인가를 아는 것은 어렵지만, 그 연대라면 정하는 방법이 있다. '언제'가 '어떻게'보다 파악하기 쉬운 것은 행성 탄생의 이야기와 같다. 화석이 천이가 일어난 최후의 시기를 기록하고 있다. 산소를 필요로 하는 가장 오래된 동물화석의 연대가 이 한계에 해당한다. 그것은 지렁이와 같은 동물이었다(그림 8-2).

지금까지 발견된 가장 오래된 동물화석은 7억 년 전의 환형동물(環形動物)이다. 지구는 탄생하고 나서 길어도 38억 년 후에는 표면에 큰 변혁이 일어나 동물이 진화할 수 있을 정도의 산화환경으로 되었을 것이다.

이런 일은 그 밖에도 퇴적원 철광층에도 증거가 있다. 이 광상(鑛床)은 19억 년보다 오래된 퇴적층에서 흔히 볼 수 있지만 19억 년 전부터 7억 년 전 사이의 층에서는 드물고, 그것보다 새로운 지층에서는 볼 수 없다. 이것을 이해하기 위해 얼마간의 퇴적물에 관해 깊이 조사해 보자. 퇴적원 철광상은 자연에서 화학농축물이 어떻게 해서 생겨나는가를 알 수 있는 적절한 보기이기 때문이다.

바다 퇴적물의 역할

육지가 침식되어 생기는 것은 크게 나누면 물에 녹는 것과 암설(岩屑)의 두 종류이다. 암설은 계곡의 급류에 씻기는 큰 돌이나 자갈에서부터 해저의 진흙으로 되는 미세한 광물입자에 이르기까지 여러 가지로서, 바다의 퇴적물은 만물상 가게 앞에서 들여다보는 것과 같다. 해저에는 굉장한 수

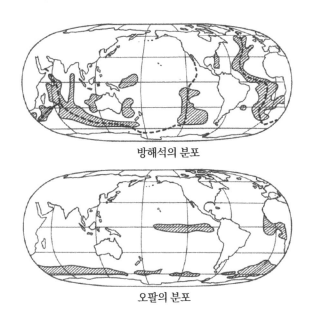

방해석의 분포

오팔의 분포

그림 8-3 | 현재 해저의 방해석, 오팔 퇴적층

위 그림의 빗금 부분은 방해석이 퇴적물의 75% 이상을 차지하는 지역. 여기는 대개 맨틀 대류포(對流胞)가 위쪽으로 움직이고 있는 부분에 상당하는 심해저의 융기대이다. 새로운 현무암이 생기는 융기대를 점선으로 나타내고 있다. 아래 그림의 검은 부분은 오팔이 퇴적물의 50%를 넘는 지역. 여기는 심해의 물이 표면에 떠오르는 해역에 해당한다

의 하천에서 흘러나온 광물입자나 육지에서 날아온 먼지 알갱이가 쌓이는 데 화학조성은 지각 전체의 평균과 같다. 그런 암설을 주로 한 퇴적층을 셰일(shale)이라 한다.

이것과는 대조적으로 육지의 흙에서 녹은 이온은 단일 광물의 퇴적물을 만드는 경우가 흔히 있다. 해저를 뒤덮은 퇴적물의 75% 이상이 방해석이었거나, 50% 이상이 단백석이었던 넓은 해역이 발견되었다. 방해석($CaCO_3$)과 단백석(SiO_2)은 플랑크톤이 만들어낸 것이다(그림 8-4).

남극해역, 태평양적도대, 동부대서양열대권 해저의 퇴적물이 단백석을 대량으로 함유하는 것은 표층수(表層水)에서 식물의 성장 속도가 이상하게 높아지기 때문이다. 이 식물은 주로 규조(硅藻)이다. 아래에서 떠올라 오는 해수가 높은 성장 속도를 뒷받침하고 있다. 일반적으로 바다의 식물 성장은 수용성의 질산염이나 인산염(비료)에 충분히 둘러싸이지 않으면 멈추어 버린다. 성장을 돕는 이 두 종류의 염류는 밑으로 가라앉는 유기 먼지(사체나 배설물)가 되어 표면의 물에서 점점 빠져나가기 때문에 바다의 표면은 보통 빈영양(貧營養)으로 되어버린다. 심해에 있는 동물과 세균은 침하하는 유기 먼지를 산화시켜 함유하고 있는 질소와 인을 수용성분(질산이온과 인산이온)으로 바꾼다. 심부의 물이 표면으로 돌아가는 바다에서 식물이 잘 자라는 것은 이 때문이다. '상승류'(上昇流)는 열대와 남극의 바다에서 일어난다. 그곳에서는 단백석의 침강량이 육지에서 오는 암설의 양을 훨씬 넘어서 단백석이 풍부한 퇴적물이 생긴다.

규조류가 주로 상승류의 해역에 사는 것과는 달리 방해석의 딱딱한 껍

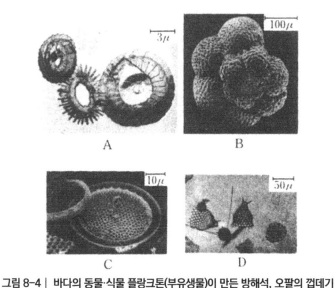

그림 8-4 | 바다의 동물·식물 플랑크톤(부유생물)이 만든 방해석, 오팔의 껍데기

(A) 조류 코코리스포릿즈의 방해석 껍데기(코코리스), (B) 부유성 유공충의 방해석 껍데기, (C) 규조의 오팔질 껍질벽, (D) 방산충의 오팔질의 레스 모양 껍데기, 현미경사진. 1μ=1/1000mm

질을 만드는 생물은 영양이 부족한 바다의 표면에서 발생한다. 그리고 생물이 죽은 뒤에 남는 방해석은 이곳저곳 바다에 가라앉지만 방해석이 풍부한 퇴적층은 대양 중앙부의 융기대(隆起帶)라든가 평평한 고지 등을 덮어 마치 눈이 고산에 쌓인 것처럼 된다. 최심부의 물은 방해석을 깎아내는 일을 하고 있어 깊은 바다에 가라앉은 방해석은 녹아버린다. 플랑크톤의 작은 돌오두막집은 침식성의 물 위에 머리를 내민 해저의 '산'에만 보존된다. 대륙을 둘러싸는 부분을 제외하고 외양에서는 방해석이 쌓이는 양이 암설이 내려 쌓이는 양보다도 많다. 방해석은 재용해가 일어나지 않는 외양의 주요한 퇴적물이다.

단백석이나 방해석이 쌓이지 않는 곳에서는 해저의 퇴적층은 주로 하천과 바람에 의해 운반되어온 미립의 암설이 뒤섞여 쌓이게 된다.

연대가 젊은 퇴적층에는 두 종류의 중요한 화학 침전물이 있다. 석고($CaSO_4 \cdot H_2O$)와 암염($NaCl$)이다. 이들은 단백석이나 방해석과는 달라 생물이 만든 것이 아니고 해수에서 자연히 석출된 것이다. 오늘날의 바다는 이런 물질이 포화하고 있지 않기 때문에 최근의 퇴적물에는 그런 층이 나타나지 않는다. 이들이 생긴 지층은 옛날 고립된 만(灣)이었다고 생각되며(페르시아만과 홍해는 이것에 가깝다). 염류는 엄청나게 큰 증발 접시 바닥에서 증발, 침전한 것이다.

20억 년 전 이전의 퇴적층에서는 자연히 생긴 또 다른 한 종류의 화학적 퇴적물이 흔히 나타난다. 그것은 산화철로서 이런 퇴적물이 그것보다 젊은 연대의 퇴적층을 만들고 있는 예는 없다. 또 만든다고 기대도 할 수 없다. 그것은 암석에서 녹은 2가(플러스 전기를 두 개 띤다)의 철이온이 산소와 작용해서 3가의 철이온으로 바뀌기 때문이다. 이렇게 생긴 3가의 철이온은 대단히 물에 녹기 어렵고 바로 퇴적물이 되어 광물입자에 착 들러붙어 그대로 셰일이 된다. 일반적으로 단일물질로 된 퇴적층이 생기는 데는 성분이 해수에 잘 녹는 것이어야 한다. 대량의 배설물로 된 환경에서 성분이 모일 수 있는 것은 물에 녹아 있을 때뿐이다. 철의 경우 대기의 산소농도가 오늘날과 같이 높아져 버리면 수중에 존재하는 철이온의 양이 미량으로 한정되기 때문에 철의 퇴적층은 생길 수가 없다.

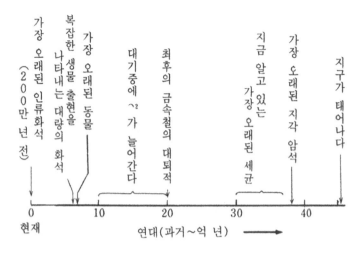

그림 8-5 | 생명 진화 경로의 중요 사건

세균의 화석은 현존하는 가장 오래된 퇴적층으로 인정된다. 대량의 동물화석이 발견되는 것은 지구사의 최근 수억 년의 부분뿐이다. 동물의 진화는 대기 중에 산소가 늘어난 후에 일어났다. 6억 년 전 복잡한 껍질을 가진 생명체가 갑자기 나타났다. 인류의 출현은 극히 최근의 일이다

　　만약 과거 어떤 지질시대에 수중에 있는 철의 안정된 이온이 3가가 아니고 2가 이온(Fe^{++})이었던 시대가 있었다고 하면 이야기는 달라진다. 2가의 철이온은 물에 잘 녹기 때문에 증발접시의 역할을 하는 내해에 대량으로 운반될 것이다. 철이 퇴적된 시대에 산소분자는 아직 대기의 주요성분으로는 되어 있지 않았다고 지질학에서는 생각하고 있다. 그때 표면 수중에서 철의 안정 이온은 2가이다. 그렇다면 최후에 생긴 대철광상의 시대는 대기의 성질이 환원환경에서 산화환경으로 바뀌기 시작한 시대를 나타내는 것이 된다. 그때가 19억 년 전인 것이다.

〈그림 8-5〉에서 보듯이 환원성 대기가 산화성 대기로 변천해 간 것은 19억 년 전(퇴적철층이 생길 수 있던 한계)부터 7억 년 전(유충류의 출현) 사이가 된다.

이것이 옳은 것이라면(예의 확실도의 척도로 7 정도), 산소를 발생하는 일이 충분히 작용해서 산소를 분해하는 화학물질을 압도하기에 이르기까지에는 지구 탄생에서 거의 30억 년 걸린 것이 된다.

이 긴 대사(大事)를 생명은 자력으로 해낸 것일까? 만약 그렇다면 산소가 풍부한 대기를 만드는 것 등은 그 밖의 비슷한 것처럼 보이는 행성에 생물이 있었다고 해도 그곳에서는 할 수 없는 것이었는지도 모른다. 그것에 대해서 대기의 정상에서 일어나는 물분자의 분해 쪽이 산소를 만들기 위해 주로 도움이 되었던 것이라면 생명의 번영을 주도하는 것은 다음과 같은 것이다. 즉, 물분자가 상층으로 운반되고, 그것을 분해하고 발생한 수소를 탈출시킨다고 하는 세 가지 것에 관계되는 여러 가지 특성이다.

화석연료는 어떻게 해서 생겼는가?

7장에서 말했듯이 지구의 탄소는 대부분 석회암($CaCO_3$의 형태로)과 셰일(케로젠으로서)에 함유되어 있다. 케로젠(kerogen)이라는 것은 석유화학에서 이용되고 있는 말이며 퇴적암의 광물입자 사이에 분산해 있는 불용성 유기물이다. 케로젠은 연료가 되는 성질을 갖추고 있고 셰일에서 농축되어 있으면 태워서 에너지를 얻을 수 있다.

$$케로젠 + O_2 \rightarrow CO_2 + H_2O$$

이것이 가능하면 에너지의 공급은 영구히 보증되지만, 사실은 그러하지 못하다. 왜냐하면 케로젠은 퇴적물에 1% 남짓 함유되는 데 지나지 않는다. 태울 수 있다 해도 케로젠 연료 1톤당 100톤의 셰일을 화로에 지피지 않으면 안 되고, 99톤의 재를 퍼내야 한다. 더더구나 광물입자와 케로젠을 떼어놓을 수 있는 경제적으로 수지가 맞는 방법도 없다. 케로젠은 생명이 계속되는 한 생기는 것이지만, 인간에게 직접적으로는 가치가 없다. 장래도 그렇다고 생각된다.

그래도 석유화학자는 케로젠에 큰 관심을 갖고 있다. 케로젠은 석유의 근본인 것이다. 이 불용성 유기물은 지방질을 함유하고 있다. 이들은 나중에 생긴 퇴적층의 아래에 묻혀 오랫동안 지구열의 작용을 받게 되면 케로젠은 분해되어 간다. 그 결과 지방의 일부가 변화해서 생기는 것이 액상의 탄화수소인 석유이다. 탄화수소는 대부분 셰일에 남지만, 일부분은 암석 내의 미세한 가공에 배어들어 채워져 있어, 마침내 자연의 집 합장을 만든다(그림 8-6). 우리가 알고 있는 최고의 저장탱크는 다공질사암(多孔質砂岩)(옛날의 해안, 사구, 하상 등)과 다공질석회암(옛날 산호초)이다. 셰일이 매우 치밀하여 불투수성(不透水性)인 것에 반해서 이런 암석은 투수성이 좋다. 이곳에 관정을 박아 퍼올리면 순도가 높은 액체인 탄화수소(원유라 한다)를 얻을

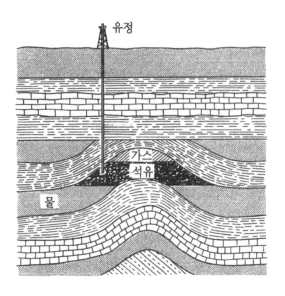

유정

가스
석유
물

그림 8-6 | 대표적인 석유저장조

석유와 메탄가스는 셰일 중에 생겨서 지하수에 의해 가까운 다공질의 사암층으로 운반된다. 그
림처럼 사암층이 아치 모양으로 기울어져 있으면 석유는 물 위에 떠서 아치를 채운다. 메탄가
스가 포함되면 석유층 위에 가스 집합소가 생긴다. 탄화수소는 위를 덮은 불투수성 셰일 때문
에 사암층 안에 자리 잡는다

수 있다. 인간에게는 몸에 좋지 않지만, 케로젠의 적은 부분이 지방질이
며, 지방질의 적은 부분이 탄화수소로 바뀌고, 탄화수소의 일부분이 그곳
에 스며들어, 땅을 깊이 판 관정에서 퍼올리기에 적합한 장소에 고이는 데
지나지 않는다. 고인 석유의 15%는 지금까지 퍼 올려졌다. 나머지도 앞으
로 100년간 다 퍼올려질 것이다. 석유는 재생할 수 없다. 오늘날의 양만큼
재생하는 데에도 수억 년이 걸린다.

석유는 퇴적층 내의 불용성 유기물이 가열되어 생기는 것으로서 작용

한 열이 어느 만큼 작용했는가에 따라서 다르다. 메탄도 석유처럼 이동하며 퇴적암의 저장탱크에 모여 사람의 손을 기다리고 있다. 가스는 밀폐된 채 압력이 세기 때문에 빨아 낼 것도 없이 타이어의 구멍에서 공기가 나오듯이 파이프를 박으면 저절로 분출한다.

석탄은 퇴적층의 틈새를 유동하여 농축하지 않는 화석연료이다. 석탄층은 처음부터 한데 뭉쳐진 퇴적물이었다. 석탄과 비슷한 물질에 지금은 이탄(泥炭)이 있어서 소택지(沼澤地)의 바닥에서 볼 수 있다. 그곳에서는 식물의 잔해가 거의 썩지 않고 쌓여 있다. 약간의 암설이 주위의 육상에서 운반되지만, 주된 퇴적물은 식물이 남긴 것이다. 묻힌 유기물은 압축되고 지열이 보태져 이탄에서 아탄(亞炭)이 되고 드디어 석탄이 된다.

인류는 에너지에 의지해서 살아왔다. 인구는 이미 50억을 넘어 100억을 넘은 후 결국 한계점에 이른다고 보여진다. 이제는 농경생활로 돌아갈 수 없고, 바깥에서 얻은 대량의 에너지를 쏟아 넣어 인력을 보충하는 것 외에는 대기아를 벗어날 방법은 없다. 지구에 저축되어 있는 화석연료는 앞으로 100년 정도 인류를 부양할 수 있을 뿐이다. 화석연료가 부족하면 태양에너지를 대규모로 전기로 바꾸는 것을 생각하든지, 원자핵에너지 생성이나 무언가에 박차를 가할 수밖에 도리가 없을 것이다.

금속광석은 이렇게 해서 생겼다

산소와 화석연료 외에도 고맙게도 지구의 화학농축물에는 많은 종류가 있다. 앞에서 설명했듯이 지구사의 초창기에 대량의 산화철이 지표에 쌓여 퇴적물을 만들었다. 지금 보여지는 것은 그 일부분이지만, 자동차나 다리나 철도 등의 원료 물질을 공급하는 데 충분한 양이 있다. 퇴적물의 철은 간단하게 금속으로 되돌릴 수 있어 쓸모 있게 사용된다. 만약 철을 현무암에서 빼낸다고 하면 철제품은 모두 엄청난 가격이 되어 버린다.

고립된 내해에 순도 높은 석고($CaSO_4 \cdot H_2O$)가 퇴적하는 것도 설명했다. 지구조 운동에 의해 내해가 들어 올려졌기 때문에 석고는 불도저로 긁어모을 수 있고 가벼워서 방화성도 있는 벽판(석고보드)으로 사용되기도 한다. 똑같은 경로로 생긴 거의 순수한 탄산칼슘은 콘크리트의 근본이 된다.

자연의 농축물 중에서 가장 의외인 것은 귀금속 광석이다. 금은 지각의 평균존재도가 겨우 1억분의 1인데 덩어리가 된 자연금으로서 발견된다. 백금도 똑같아 그의 존재도는 1억분의 10이다. 온도계의 수은은 진사(辰砂)로, 화학성분이 황화수은인 진사라고 하는 광석이 있지만, 평균존재도는 10억분의 얼마에 지나지 않는다. 귀금속을 화강암이라든가 해수 등의 흔한 지구 물질에서 추출한다고 하면 적어도 1,000배의 값으로 뛰어오를 것이다.

이것들 외에도 여러 가지의 금속광석이 지각 내에서 열수(熱水) 작용에 의해 생긴다. 물은 표토에서 지각으로 들어가고 암석의 틈을 통해 가는 동안 점점 가열된다. 고온의 물은 밀도가 작아져 작은 틈에서도 움직이기 쉬워진다. 지각의 여기저기에서 찬물이 스며들고 다른 곳에서 열수가 되어 밖으로 나온다. 옐로우스톤 국립공원의 유명한 간헐천(間歇泉) 올드 페이스풀은 그런 지열순환의 보기이다.

지각을 흐르는 열수는 도중의 암석에서 조금밖에 함유되어 있지 않은 금속을 녹이고 용액으로서 다른 곳으로 운반된다. 장소에 따른 온도라든가 산화 상태의 차이로 금속이 석출된다. 즉, 천연의 화학공장을 가동시키고 있는 힘의 하나는 우라늄, 토륨, 칼륨의 방사성 붕괴에 의해 방출되는 열과 다른 하나는 표면에서의 산화환경과 내부에서의 환원환경의 뚜렷한 차이이다. 실험실의 크로마트그래프 기둥처럼 원래의 암석에서 여러 가지 금속을 골라 농축하고 있다.

1970년대에 심해저에서 극적인 열수순환의 예가 발견되었다. 지구 내부의 맨틀대류가 양갈래로 나뉘는 해저지각의 부분에는 거대한 열극이 생기고 있다. 위즈홀 해양연구소의 심해 조사선은 이 열극을 탐험해서 신비스러운 광경을 만났다. 깊은 해저에 보통 보여지는 무생물의 상황과는 달리 균열대의 단면에는 기묘한 생물이 많이 살고 있었다. 해안의 이매패(二枚貝)와 비슷한 요리용으로 사용하는 것의 3배나 되는 것, 흰 대나무 같은 통의 끝머리가 담홍색의 물렁물렁한 것으로 채워져 있는 생물, 그 대나무의 정글을 기어다니는 거미 같은 게, …… 등의 생물이 운 좋은 관측자의 눈에 띄었다.

이 해저에 오아시스가 생긴 이유를 곧바로 알 수 있었다. 균열에서 솟아오르는 열수가 해저에 고립된 생명을 유지하는 먹이의 생산을 가능하게 하고 있는 것이다. 먹이는 식물이 만드는 것이 아니고 세균이 일함으로써 생겨난다. 열수가 함유하고 있는 황화수소와 심해의 물에 녹아 있는 산소가 결합해서 생기는 에너지를 세균은 유기분자의 합성으로 이용하고 있다. 황화수소는 지구 내부의 환원환경에서 산소는 표면의 산화환경에서 생긴 것이다.

반응에너지를 이용해서 물에 녹은 탄산수소이온(HCO_3^-), 질산이온(No_3^-), 인산이온($H_3PO_4^-$)을 영양으로 해서 세균은 증식한다. 증식한 세균은 바로 이 기묘한 군서동물(群棲動物)의 먹이가 된다. 열수에 함유되어 있는 유황(황화수소 H_2S)의 기원은 융기대(隆起帶)의 사면에서 해상(海床)으로 스며들어 가는 해수에 있다. 스며든 물은 고온의 암석에서 뜨거워진 후 균열대에서 바다로 솟아 나온다. 고온의 물이 현무암 안을 통과할 때 물에 녹아 있던 산화상태의 유황(황산이온 SO_4^-과 현무암의 환원적인 2가의 철이 반응해서 철은 3가로 산화되고 유황은 환원되어(전자를 받아 S^-가 된다) 황화수소가 생기게 된다.

해상의 열수 중에 있는 환원성의 유황은 전부 세균의 에너지원이 되는 것이 아니고 분출구 주위에 황화광물을 만드는 일도 하고 있다. 순환 열수라면 모두 그렇지만, 융기대에 스며든 물은 암석의 금속 성분을 녹인다. 열수가 바다에 솟아 나와 차가워지면 금속은 황화물이 되어 침전한다. 그런 이유에서 조사선은 색다른 해상의 오아시스와 함께 대량의 황철석이나 황동석의 광상을 발견했다.

천연에서 일어나는 화학현상의 불가사의는 그밖에도 여러 가지 형태로 나타난다. 다음 절에서는 누구나가 갖고 싶어 하는 보석, 화학공업의 중요한 약품, 그리고 식물의 필수 비료의 기원을 살펴보기로 한다.

다이아몬드의 생성원인

다이아몬드는 값비싼 보석이지만, 절단과 연마제로서 아주 좋은 재료이기도 하다. 이것보다 단단한 것은 없기 때문에 아무것에나 비벼대도 지지 않는다. 가시광을 잘 통과시키는 것이 아름다운 이유이며, 들어간 빛은 연마한 수많은 면에 따라 반사되어 보는 사람에게는 반짝 빛나 보이게 한

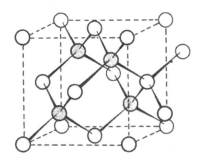

그림 8-7 | 탄소원자의 다이아몬드 격자

어느 탄소원자도 4개의 서로 이웃한 원자와 결합하며 정4면체를 만들고 있다. 좀 더 넓은 범위를 보면 정4면체가 모여 입방체 구조가 생기고 있다. 단위의 입방체를 만들고 있는 것은 각 정점의 8원자, 각 면 중앙의 6원자 및 이 입방체를 8등분한 소입방체 안의 네 개의 중심(그림에서는 그물 부분)의 합계 18원자

다. 빛의 어떤 파장에서도 흡수되면 나오는 빛은 색을 띠게 되지만, 다이아몬드에서는 그런 현상이 일어나지 않는다.

　다이아몬드의 이러한 두드러진 성질은 특별한 화학구조에 기인한다. 다이아몬드는 탄소원자만으로 되어 있고, 원자는 서로 강하게 결합되어 3차원의 격자를 만든다. 어느 원자나 네 개의 원자에 둘러싸여(4면체의 중심과 4정점의 위치관계가 되어) 있다. 탄소원자의 크기가 작기 때문에 보통의 광

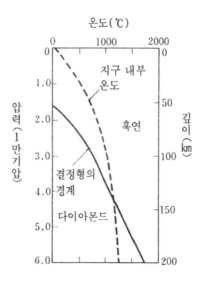

그림 8-8 | 다이아몬드가 생기는 조건

실선의 곡선에서 위는 흑연, 아래는 다이아몬드가 안정된 온도·압력의 영역이다. 점선은 지구 내부의 깊이와 온도의 관계를 나타낸다. 깊이에 의해 압력이 결정되고 있기 때문에 두 개의 곡선은 같은 그림의 위에 그릴 수 있는 것이다. 지구의 온도는 표면에서 깊이 140km까지는 흑연의 안정된 범위에 있고, 140km 안에서는 다이아몬드가 안정된다. 킴바라이트의 안에 보이는 다이아몬드는 지각의 저부(底部)보다도 더욱 훨씬 안에서밖에 생길 수 없었을 것이다

물에 자주 보이는 다른 원소와의 치환은 일어나지 않고, 화학조성은 순수하다.

다이아몬드가 어떻게 해서 생긴 것인가 확실하게 밝혀지기까지는 몇 세기나 걸렸다. 드디어 밝혀진 것은 탄소에 매우 높은 압력하에서 매우 높은 온도로 가열하지 않으면 만들 수 없다고 하는 것이다. 압력은 지구의 내부 140km의 부분에 상당한다(그림 8-8). 이것을 조사한 제너럴 일렉트릭사의 연구진에 의하면 그 압력까지는 반드시 필요하며 이 이하의 압력에서 다이아몬드가 생기는 곳은 태양계의 어디에도 없다. 발견된 다이아몬드는 지구의 내부 깊이에서 생겨나 어떠한 경로를 거쳐 표면에 나온 것이다.

지질학적으로 봐도 이 결론은 잘 들어맞는다. 그러한 것은 옛날부터 다이아몬드는 특별한 모암(母岩)에서 발견된다고 알고 있었기 때문이다. 모암은 킴바라이트라고 하는데 지구 맨틀에 예상되는 것과 동종의 광물을 함유하고 지구의 심부에서 고체인 채 정치된 구조적 특징을 갖는 곳에서 발견된다. 다이아몬드의 모암은 지구 맨틀의 한 조각으로서 무언가 미지의 힘을 받아 변형(그러나 녹지 않는다)되고 어떤 경로를 밟아 지각을 꿰뚫고 올라온 것이다.

탄소는 평균하면 지구 질량의 0.1%를 차지하는 데 지나지 않는다. 왠지 맨틀 안의 탄소원자는 엄지손가락 크기나 때로는 주먹만한 크기의 다이아몬드가 생길 정도로 한군데에 모였다. 정출된 결정은 또 이상하게도 그 장소에서 지표까지 흑연 즉 저압력하에서 안정된 탄소의 결정형으로 바뀔 틈도 없이 운반되었다.

천연 유황

황산은 얼핏 보기에는 걸맞지 않은 일용품이지만, 공업화 사회를 지속해 나가는 데 있어서 빠뜨릴 수 없는 재료로서 세계의 화학공장에서 매년 4,000만 톤이나 소비되고 있다. 황산의 원료가 되는 유황은 주로 석고와 암염으로 된 퇴적층 안에서 거의 순수한 형태로 발견된다. 실은 그 유황도 처음에는 석고의 화학성분의 형태로 침전한 것이라고 보인다.

안정된 화합물인 석고에서 유황이 유리되어 나오는 천연의 과정은 지구상에 일어나고 있는 여러 가지 화학현상의 불가사의 중 하나다. 유황이 석고에 포함되어 있는 한 경제적으로 봐서 황산의 원료로는 되지 못한다.

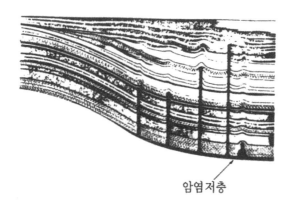

암염 저층

그림 8-9 | 암염돔

가는 막대 모양의 암염기둥이 치밀하지만 힘에서는 약한 위쪽의 퇴적층을 밀어 올려서 돔을 만든다. 그림은 암염돔으로 알려진 미국 루이지애나주 동부의 지층의 단면이다. 암염은 퇴적층을 1만 m나 올라가 있다

유황과 산소가 강하게 결합되어 있는 것을 분리하는 데 필요한 에너지가 너무 크기 때문이다.

순수한 유황이 침전을 이루는 자연과정의 비밀은 동위원소를 실마리로 삼아 풀었다고 지질학에서는 생각하고 있다.

첫째 단계는 염류(암염과 석고)가 고립된 내해에서 침전되었다는 사실이다. 다음으로 염류는 두께 수천 m의 석회암과 셰일 밑에 묻힌다. 암염은 밀도가 작기 때문에 드디어 떠오르고 겹쳐 쌓인 퇴적층을 눌러 통과하는 길을 만든다. 암염이 혓바닥 모양으로 떠오르기 때문에 밀쳐진 퇴적층은 변형해서(그림 8-9) 마침내 알맞은 석유 저장소가 생긴다. 메탄가스도 사암의 경사면을 따라와서 불투성의 암염층에 이르면 그곳에 고인다.

여기에 적당한 세균이 도움을 주어 석고의 황산기와 메탄을 반응시키는 효소의 역할을 도맡게 된다. 세균은 반응에 의해 생기는 에너지를 사용하고 자신의 세포에 필요한 화합물을 만든다. 이 반응의 생성물은 유황과 방해석이다. 석고 성분의 칼슘은 방해석(탄산칼슘 $CaCO_3$)을 만드는 칼슘이 되고 메탄의 탄소는 방해석을 만드는 탄소가 된다. 그리고 남은 석고 성분의 유황은 해방되어 원소로 되돌아간다.

지질학자가 천연유황의 생성 메커니즘이 이해되었다고 믿는 이유는 여기에 생긴 방해석의 탄소동위원소의 비를 조사해서 앞의 반응을 지지하는 증거를 발견한 데 있다. 일반적으로 식물은 광합성을 할 때 탄소 13(^{13}C)을 성분으로 하는 이산화탄소($^{13}CO_2$)보다 탄소 12(^{12}C)를 성분으로 하는 이산화탄소($^{12}CO_2$)를 가려서 이용한다. 그 때문에 식물체를 만드는 탄소의 ^{12}C

대 ^{13}C의 비의 값은 대기나 바다에서의 값보다도 조금 커진다. 이를테면 바다의 생물이 만드는 방해석 안의 값보다도 커진다. 따라서 보통 퇴적물의 경우 동위원소 분석에 의해 ^{12}C 대 ^{13}C의 비를 조사해 보면 불용성 유기물

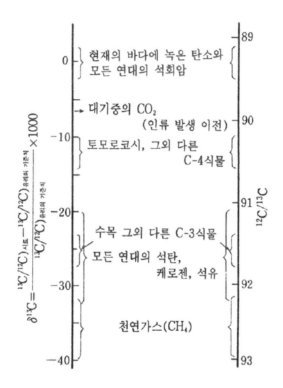

그림 8-10 | 천연물질의 탄소동위원소 조성

오른쪽의 눈금은 가벼운 탄소(^{12}C)와 무거운 탄소(^{13}C)와의 비. 왼쪽은 해롤드 유리(Harold Urey, 안정동위원소의 연구자로 노벨상을 수상한 과학자) 이래 사용되는 동위원소 조성 이상을 나타내는 눈금. 지구과학에서는 비의 값 그 자체보다 이처럼 기준치에서의 차이를 1000분의 1단위로 나타낸 눈금 쪽이 사용하기 쉽다. 지질시대를 통해서 대부분의 식물은 칼빈의 C-3 환원회로 라고 부르는 화학반응의 경로를 거쳐 광합성을 해왔다. 이 때문에 석탄·석유의 탄소 동위원소 조성은 C-3 식물(C-3 환원회로를 이용하는 식물)의 범위에 들어간다

(케로젠)의 탄소에 관계되는 값은 탄산칼슘(방해석)에 관한 값에 비해 언제나 2.5% 정도 크다(그림 8-10). 값 그 자체는 어느 연대의 탄산칼슘이나 케로젠에서도 분명히 일정하다. 이 일반성에서 벗어나고 있는 것이 유황과 함께 산출하는 방해석이다. 그의 값은 식물체 쪽과 비슷하다.

그래서 새삼 실험실에서 검정실험을 해보면, 메탄에서 방해석을 만들어 내는 반응에 세균이 관계하는 경우, 탄소동위원소 비가 변하지 않는 사실을 알았다. 그렇게 하면 유황과 공존하는 방해석이 나타내는 비의 값은 이 방해석의 탄소원자가 확실히 처음부터 불용성 유기물에서 온 사실을 나타내고 있는 것으로 된다.

식물 비료

식물의 성장에는 탄산가스와 물 외에 질소와 인이 필요하다. 어느 것이나 흙속물에 녹은 것, 즉 질소는 질산이온(NO_3^-), 인은 인산이온($H_3PO_4^-$)으로 되어 뿌리에서 흡수된다. 자연의 생태계에서 양 원소는 몇 번이나 반복해 순환하고 있다(산 식물에서 식물 잔해, 흙 속의 물, 산 식물도).

순환하는 인은 원래는 광물에 함유되어 화학적인 풍화에 의해 흙으로 옮겨진 것이고, 질소는 대기 중의 질소분자에서 변화한 것이다. 광물의 풍화나 질소분자의 변화는 자연생태계의 대량의 식물이 필요로 하고 있는 생성의 속도에 비해 천천히 일어나기 때문에 어느 쪽인가 일방적 또는 양쪽을 어느 정도 이용할 수 있는가로 식물의 성장에 한계가 생긴다. 때문에 질소와 인은 식물 비료의 제일의 요소가 된다. 단위 경지 면적당 가능한 한 많은 작물을 기르려고 농민은 비료를 뿌리고 질소와 인의 양을 조정함으로써 식물 성장의 한도를 끌어올리고 있다.

인류에게 있어서는 지금도 비료가 쓸모 있지만 이 경향이 보다 더 유용하리라는 것은 간단한 계산으로 알 수 있다. 지구상의 육지의 총면적 150억 헥타르 중 농지 면적은 10%인 15억 헥타르로서 다소의 곤란을 무릅쓰면 다시 8억 헥타르를 경작할 수 있다. 나머지 85%는 너무 건조하기도 하고 비가 너무 많거나 바위투성이, 너무 차가운 곳 등등으로 농지로서 쓸모없다. 인간 한 사람의 생명을 유지하는 식량 때문에 비료 없이 평균

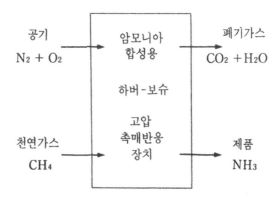

그림 8-11 | 화학 비료 공장의 공중질소 '고정'법의 원리

그림의 반응에서 얻은 암모니아에서 비료로서 사용할 수 있는 여러 가지 염류(질산나트륨·질산암모늄·요소 등)를 만든다. 메탄은 반응에너지를 만들기 위해 이용하고 있다

0.6헥타르의 토지가 필요하다. 현존하는 농지는 비료 없이 25억 명을 부양할 수 있다. '경작가능한' 토지를 전부 이용하면 40억 명까지는 봐 줄 수 있다. 오늘날의 인구는 50억이지만 앞으로 안정될 때까지 적어도 100억까지는 증가한다. 기아를 막는 데는 단위 농지당의 수확량을 올릴 수밖에 없다. 대량의 식물 비료를 사용해야 하는 것이다.

대기 중의 질소는 이 때문에 무한한 자원이다. 문제는 자유로워지는 질소원자의 수가 아니고 질소가스를 식물이 직접 흡수할 수 있는 형으로 바꾸는 비용이다. 질소원자가 결합해서 분자를 만드는 힘은 매우 크다. 그래도 지구상의 생물의 극히 일부분은 질소분자의 화학결합을 깨는 생화학적인 경로를 갖추고 있다. 그런 생물은 대기에서의 고정된 질소(어떤 식물에서도 이용할 수 있는 질산이온 NO_3^-이나 암모늄이온 NH_4^+)의 저장고의 역할을 맡고 있다. 공장에 인공적으로 질소분자의 결합을 깨뜨리는 데는 상당한 에너지를 투입할 필요가 있다(그림 8-11). 따라서 대기 중의 질소에서 만든 비료를 받아서 성장한 작물은 자연의 질소하에서 성장한 작물에 비해 고가(高價)가 된다. 여분의 비용은 공업국의 수준이라면 그저 그렇지만 발전도상국에서는 엄청나다. 지구상에는 인류가 다 사용할 수 없는 질소가 있지만, 자원으로서 사용할 수 있게 되는 것은 상당량의 다른 자원을 쏟아 넣었을 때뿐이다. 화석연료가 그 자원이다.

그러면 그 밖에는 쉽게 비료가 되는 질소의 저장고는 없을까? 확실한 자원은 질산염류와 암모늄염류이다. 이들이 얼마 되지 않는 것은 물에 잘 녹는 염이기 때문이다. 중요한 것이라고 한다면, 조류가 건조한 사막에 둥지를 짓고 가까운 바다의 어류를 먹이로 하고 있을 때 떨어뜨리는 물질이 굳어져 생기는 퇴적물의 경우뿐이다. 일례가 칠레 북부의 아타카마사막에 있다. 그곳의 바닷새는 남미 서해안의 해류의 상승대에 있는 대량의 어군(魚群)을 먹이로 해서 자원이 되는 구아노를 남긴다. 구아노는 역사적으로는 중요했지만 지금은 세계 수요의 극히 소량을 조달하는 데 지나지 않는다.

인의 경우 지구는 더욱 비옥하다고 할 수 있다. 침전 퇴적물인 인회석이 대량으로 분포하고 그 최대의 것은 북아메리카 플로리다반도에 있다. 긁어모은 후에 비료에 보태기 쉽도록 얼마 안 되는 비용으로 분쇄하면 된다. 많은 퇴적물과 똑같이 이것은 자연의 큰 하사품이다. 보통의 화성암이나 셰일에는 인이 무게로 0.1%밖에 포함되어 있지 않다. 그래서 인을 추출한다고 하면 너무 비싸기 때문에 손을 댈 수가 없다.

인이 어떤 경로로 천연에 농축되었는가. 뜻밖일지 모르지만 아직 알고 있지 못하다. 인을 산출하는 퇴적층은 지질학적으로 젊기 때문에 현재와 다르지 않은 조건하에서 생겼을 것이다. 그런데 오늘날 똑같은 퇴적이 일어나고 있는 곳은 없다. 이 수수께끼는 아직 풀리지 않고 있다.

장의 끝머리

천연 대부분의 화학농축물을 만들어 내는 여러 가지 과정에 공통된 현상이 있다. 바로 흐르는 물이다. 강의 물은 증발잔사(蒸發殘渣)로 되는 성분을 바다로 운반하고, 열수는 침전광석의 성분을 운반하여 광상을 형성한다. 물의 흐름 중 한 가지는 태양방사의 에너지에 의하고 한 가지는 방사성 핵종 붕괴의 에너지를 근거로 해서 일어난다. 어느 쪽이라 해도 행성의 표면에는 액체의 형태로 물이 있어야 한다. 건조한 행성에는 약간의 자원(예를 들면 다이아몬드) 이외 아무것도 발견되지 않으리라는 것은 틀림없는 일이다.

9장

인류는 살아남을 수 있는가

지구의 미래를 생각한다

장의 첫머리

　지구상에 생물이 살 수 없게 될 때가 올 것인가? 인류가 존재하지 않는 경우의 답이라면 '아니오'가 올바를 것 같다. 태양은 핵연료가 다할 때까지 수십억 년간은 변하지 않고 계속해서 빛날 것이다. 기후는 쾌적한 범위 내에서 미래에도 지금까지와 같이 유지될 것이다. 극단적으로 한쪽으로 기울어졌을 때 위험한 징조가 나타난 적은 있었지만, 기후 변동 때문에 생명의 진화가 끊어진 적은 없다. 지구 내부의 열원(熱源)-반감기가 긴 방사성 원소의 붕괴열-은 점점 약해지지만, 10억 년 정도 맨틀 대류를 계속 일으키는 데는 충분하다. 아름다운 경관이라든가 에너지나 화학자원, 토양, 대기, 바다의 성분은 끊임없이 새롭게 교체된다. 물론 지금 번창하고 있는 많은 생물이 절멸할 것이지만, 남은 것은 마침내 지구를 덮고 번창한다. 생명의 진화는 잠시 제자리걸음을 할 뿐이며 계속되어 간다.

　인류를 생각하면 이야기는 달라진다. 최근 100년간 인간은 자연환경을 크게 바꾸어 버렸다. 많은 하천을 거대한 댐으로 막았다. 육지의 10%에서는 천연의 식물상을 없애버리고 농지로 바꾸었다. 건조지에서는 지나친 방목을 함으로써 사막을 넓혔다. 여러 가지 생물을 절멸로 몰고 갔을 뿐만 아니라 대기가 그들을 위기에 빠뜨리고 있다. 그리고 대기에는 형성된 이후 인간이 만든 가스가 더해 가고 있다. 토양도 급속하게 오염되고 있다. 화석연료는 앞으로 100년 후에 고갈된다. 병기고에는 모든 대도시와 공장시설을 완전히 파괴할 수 있는 핵이 가득 차 있다. 전면전쟁이 일어나면 화재에 의해 하늘은 오랫동안 어둠에 갇히게 된다. 빛이 없으면 식물은 자라지 못한다. 식물 없이는 동물은 먹이를 잃게 된다. 한기도 엄습해 올 것이다. 게다가 방사성의 분열생성물이 지표를 덮어 무한한 유전자 파괴를 일으킨다. 비록 거기까지는 가지 않더라도 가까운 장래, 지구가 살 만한 곳으로 지속시키는 것은 사람의 손에 달려 있다.

온실성 가스에 의한 기후의 변화

　인류의 모든 활동 때문에 기후에 중대한 변화가 일어날 것 같다. 가장 크게 영향을 미치는 것은 화석연료를 태우거나 삼림을 베어 버리기 때문에 대기에 여분으로 보태지는 이산화탄소일 것이다. 대기 중의 이산화탄소는 화합력이 약하기 때문에 나온 것은 뭉쳐지게 된다. 북극의 얼음을 깊게 기둥 모양으로 채취해서 그 안의 공기의 거품을 조사해 보면 이산화탄소의 비율은 100만분의 280(ppm)으로서, 1800년 이전의 몇 세기에나 걸쳐 거의 일정한 값을 얻을 수 있다. 그런데 1958년 대기 중의 이산화탄소량이 처음으로 상세하게 직접 측정되었을 때의 값은 316ppm이나 되었다. 1985년에는 345ppm이었다(그림 9-1). 21세기 말의 값은 공업시대 이전의 2배를 훨씬 넘게 된다. 축적량의 예상변화를 〈그림 9-2〉에 도시했

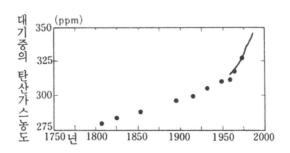

그림 9-1 | 대기 중의 탄산가스 농도의 장기변화

실선은 1958년 이후 현재까지의 연속관측치(Charles D. Keeling; 스크립스 해양연구소). 검은 점은 북극 얼음의 공기 거품에서의 관측치(H. Oeschger, 베른대학).

다. 이산화탄소가 증가해도 지구대기의 대세가 변하는 것은 아니다. 이산화탄소분자가 하나 생기면 산소분자가 하나 감소할 뿐이다(1800년부터 현재까지 이산화탄소분자는 65ppm 늘었지만 그만큼 산소분자가 없어져 균형을 이루고 있다).

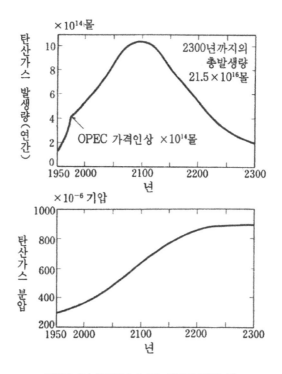

그림 9–2 | 탄산가스 농도는 어떻게 변하는가

위 그림은 금후 300년간에 화석연료를 태우는 것에 의한 탄산가스의 연간발생량 예측. 2090년 무렵 현재의 2배의 최대량에 이르며, 그 후로는 감소한다. 300년간에 지금 알려져 있는 연료 자원의 3분의 2가 태워진다. 아래 그림은 이 연간발생량과 바다에 의한 흡수로부터 구한 같은 300년간의 대기 중의 탄산가스 농도. 2225년까지 계속 증가해 공업시대 이전의 3배를 넘는 부분까지 온다(이산화탄소 1몰은 44그램에 상당한다)

문제는 산소가 지표에서 나오는 적외선에 투명한 데 반하여 이산화탄소는 그렇지 않다는 점이다. 7장에서 논했듯이 태양에서 온 에너지가 우주로 돌아가는 것을 방해한다. 에너지 수지(收支)의 균형이 깨지면 지표면은 민감하게 반응이 일어나 얼마간 따뜻해진다. 온도가 올라가면 나가는 적외선의 양은 늘어난다. 이산화탄소가 증가했기 때문에 지구 적외선이

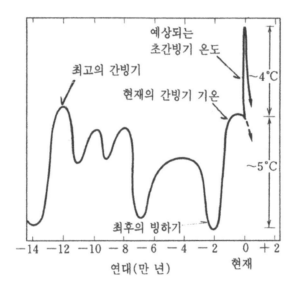

그림 9-3 | 초간빙기(超間氷期)의 시작과 끝

과거 14만 년간의 기후 변화의 역사에 탄산가스의 증가 때문에 일어나는 온도상승을 되풀이했다. 상승량은 최후의 대빙하기(1만 2000년 전) 이후의 기온상승에 필적하지만, 그 속도는 훨씬 빠르고, 겨우 수백 년 안에 일어난다. 화석연료를 다 사용하면 탄산가스는 바다에 흡수되어 결국은 탄산칼슘이 되어 퇴적하기 때문에 기온은 천천히 내려간다. 이때 인간이 무엇인가의 온실가스를 방출해 주지 않으면 12만 년 전의 간빙기의 끝과 같은 경로이며, 이 초간빙기는 종말을 고할 것이다

공간으로 도망가기 어려워진 것이 이것으로 보상된다. 이산화탄소의 증가는 온실유리와 같은 메커니즘으로 따뜻한 환경을 만들기 때문에 '온실효과'라고 흔히 불리고 있다.

최근의 추정에서는 대기의 이산화탄소량이 600ppm(인간 활동이 시작되기 전의 2배)에 달하면, 전 지구의 평균 온도가 지금보다 3℃에서 4℃ 더 높아진다고 한다. 이것은 최후의 빙기로부터 현재의 간빙기가 찾아왔을 때 생긴 온도상승과 맞먹는다(그림 9-3).

전 지구의 기후가 지금만큼 온난한 시대는 최근의 지질 역사에는 없었기 때문에 더 따뜻해지면 환경에 무엇이 일어날지는 잘 알지 못한다. 추정한다 해도 중요한 근거는 현재의 기상 변화를 예측하기 위해 만든 시뮬레이션(수치실험)에 의지할 수밖에 없다. 이산화탄소가 배가 되면 기온이 3, 4도 상승한다고 하는 것도 같은 근거에 바탕을 두고 있다. 세분해서 지역마다의 예측도 해낼 수 있지만, 똑바로 정말이라고 말할 수 있는 것은 아니다. 가능한 한 노력해도 여전히 시뮬레이션은 결함투성이라고 생각되기 때문이다.

예를 들면 구름의 생성을 고려할 때, 구름의 분포나 높이, 넓이를 지배하는 인자를 잘 알고 있지 못하기 때문에 간단한 취급밖에 할 수 없다. 구름을 만드는 물방울이나 얼음 결정이 생기는 이유 따위도 그러하다. 구름은 일광을 반사하는 힘이 강해 지표를 차갑게 하기 때문에 흐린 하늘은 기후를 생각하는 중요한 요소가 된다. 따라서 온실효과가 뚜렷해지면 구름 낀 하늘이 대기와 바다의 상호작용도 아주 간단한 생각으로 이해되어야 할 것이다. 바다는 현재 막대한 양의 열을 열대권에서 고위도대로 나르고 있다. 대기의 이산화탄소 함유량이 변하면 바다가 어떻게 달라지는가라는 문제에 봉착하게 되는데, 어떻게 손쓰면 좋은지 충분히 알고 있지 못하다. 그 밖에도 어떤 기본적인 결함 때문에 계산에서 나오는 각 지역의 기후 예상은 아직 접어서 들을 수밖에 없다.

이런 불확실성 때문에 사회의 반응이 애매해진다. 오염물질의 악영향을 과대하게 짐작해서 판단을 잘못한 예가 있다고 해서 정치가는 이산화탄소의 문제에 냉담하다. 형식으로만 연구를 지지하지, 핵 공격의 방어라든가 암 사망의 저지에 비유할 만큼 주시하지 않는다. 이산화탄소의 영향은 극히 작아 가뭄 등의 기상재해를 처리하는 것과 같은 방법으로 충분히 대처할 수 있다고 우리들의 지도자는 하찮게 여기고 있는 것 같다. 핵병기나 암의 두려움은 누구에게나 있는 것이다. 반대로 이산화탄소가 증가하는 것은 시간 규모가 긴 데다가 과학자라면 이해가 되어도 구체적인 위협이 나타나 있지 않다. 큰 환경의 변화가 틀림없이 일어나면 지구상의 지역마다 여러 가지 영향이 있을 것이라고 말할 수 있을 뿐이다. 어떤 사람에게는 변화가 혜택이 되고, 어떤 사람에게는 재앙이 되어 또 다른 사람은 거의 알지 못하고 살아갈지도 모른다.

이산화탄소의 생성을 멈출 수 있게 할 수 있을 것인가? 그것이 가능하면 이상적이지만, 실행은 불가능하다. 인간은 지금이야말로 완전히 에너지에 의존하고 있고 또한 적어도 21세기는 대부분의 에너지를 화석연료를 태워서 얻어야 한다. 생기는 이산화탄소를 받아 둘 현실적인 방법은 없다. 이산화황이나 산화질소는 배기가스의 미량성분이지만, 이산화탄소는 주성분이다. 자동차에서 가솔린 100kg을 사용했을 때 발생하는 이산화탄소는 무려 300kg이나 된다. 회수한다는 것은 무리한 일이다. 대개 이산화탄소 1kg의 회수에 필요한 에너지는 그 이산화탄소를 발생해서 얻어지는 에너지와 같다. 인간이 에너지에 의존하는 만큼 이산화탄소량이 늘어나는 것은 숙명이다.

바다에 흡수되는 이산화탄소

1958년부터 1984년 사이에 증가한 대기 중의 이산화탄소는 모든 화석연료를 태워서 생겼을 때 예상되는 값의 거의 절반에 이른다. 확실히 어디론가로 없어진 곳이 있는데, 첫째로 생각할 수 있는 곳은 바다이다. 생겨난 이산화탄소가 대기와 바다에서 완전히 평형을 이루려면 6분의 1은 대기에 남게 되고 6분의 5는 바다로 들어갈 것이다. 방사성 크립톤(원자로의 부생성물)이나 프레온류(냉동기의 순환가스) 등 인공으로 만들어진 기체는 방출된 20분의 19가 대기에, 나머지 20분의 1만이 바다로 배분된다. 이산화탄소가 달라진 이유는 바다에 녹아 있는 탄산이온(CO_3^-)과 화학반응을 일으켜 탄산수소이온(HCO_3^-)이 되어 녹기 때문이다.

$$CO_2 + CO_3^- + H_2O \rightarrow 2HCO_3^-$$

만약 바다가 호수나 강처럼 탄산이온을 거의 포함하고 있지 않았다면, 생성된 이산화탄소의 대기와 바다 사이의 평형 분포는 다른 경우의 기체와 비슷해질 것이다.

화석연료에서 생기는 이산화탄소의 6분의 5는 바다에 흡수되고 대기 중에 반이나 남아 있게 된 것은 왜일까? 이유는 해수에 그다지 빠르게 녹지 않기 때문이다. 해수가 상하로 서로 뒤섞이는 속도는 보통 방사성 동위원소의 분포를 측정하여 연구할 수 있다. 윌러드 리비(Willard F. Libby)가 고안한 방사성 탄소법(방사성 탄소 14에 의한 연대측정)을 해양학에서는 일찍

물질	존재량 1800년*	존재량 1985년*	인류의 영향*
석회석＋고회석	240,000	240,000	−
케로젠	60,000	60,000	−
석탄＋아탄†	31	30	−1.1
석유†	2.3	1.9	−0.4
천연가스†	1.3	1.2	−0.1
바다 HCO_3^-	270	270 ⎫	
바다 $CO_3^=$	30	30 ⎬	+0.6
바다 CO_2	10	10 ⎭	
대기 CO_2	4.5	5.5	+1.0
토양수분	2	2	?
생물권	0.5	0.5	?

＊ 단위 10^{20}몰
† 기지의 분

표 9-1 | 지구의 탄소 저장조의 용량과 인류가 끼친 영향

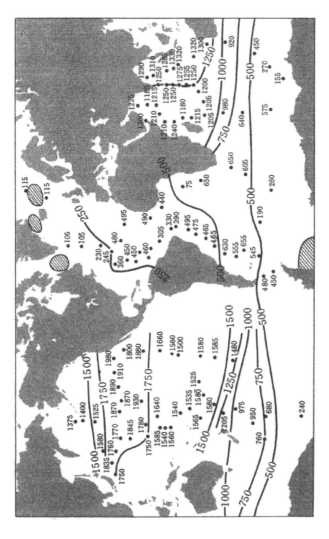

그림 9-4 | 방사성 탄소를 이용해서 잰 바닷물의 연령을 잰다

검은 점은 1970년대에 일어난 대규모의 해양조사의 관측점. 각 점에서 해저까지 전역에 걸쳐 채취한 약 20개의 시료에 관한 14C/C(탄소 전체에 대한 탄소 14의 비)를 얻을 잿다. 수치는 거기서 구한 깊이 3km의 해수의 연령. 새로운 심해수(深海水)는 북대서양에서 나타나기(서선 부분) 때문에 이곳의 연령이 어리고, 북태평양과 인도양은 오래됐다. 전체 영역의 평균연령은 1,000년이다

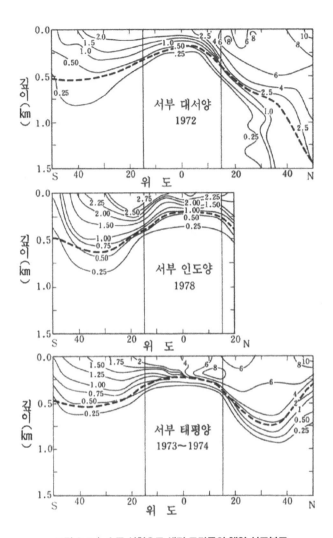

그림 9-5 | 수폭 실험으로 생긴 트리튬의 해양 심도분포

트리튬은 주로 1962년부터 1965년에 해면상에 방출되었다. 조사 기간은 그 10년 후. 북반구쪽이 남반구보다 양이 많은 것은 대부분의 실험이 북반구에서 행해졌기 때문이다. 굵은 점선은 트리튬의 농도가 해면의 1/4이 되는 깊이. 바다의 평균심도는 3,800m이기 때문에 10년 정도에서는 해면으로부터 바다 부피의 10분의 1 정도의 깊이까지 섞일 뿐이라는 사실을 알 수 있다부터 받아들여 깊은 바닷물이 교대되는 속도를 조사하고 있다. 방사성 탄소 14는 은하우주선이 대기로 날아들어 일으키는 원자핵반응에 의해 생기고, 8,200년의 반감기로 붕괴해서 본래의 안정핵종인 질소로 되돌아간다. 해수가 서로 섞이는 데 필요로 하는 시간에 비해 탄소의 반감기는 한 자릿수 길기 때문에 방사성 탄소는 바다 전체에 퍼져 버린다(이산화탄소, 탄산수소이온, 탄산이온의 성분이 되어). 그런데 그 비율은 어디나 똑같지 않다. 표면의 물에 녹은 탄소는 심해의 탄소에 비해 방사성 탄소를 포함하는 비율이 크다. 그 차이를 지도상에 도시해보면 이곳저곳의 바다의 심부에서 물이 교체되는 속도를 비교할 수 있다(그림 9-4). 짧은 것으로는 대서양 북부로서 불과 200~300년에서 북태평양에서처럼 2,000년이나 걸리기도 한다.

여분의 이산화탄소가 바다와 대기에서 어떤 평형에 이르는가 짐작하기 위해 더욱 도움이 되는 것은 인공물질을 트레이서(추적시약)에 감정해서 바닷속에서의 분포를 조사하는 것이다. 트레이서에는 트리튬(대기 내 핵실험의 생성물[18])과 프레온류[냉동기, 로켓 추진, 발포(發泡)용으로 다량 사용되는 가스]가 좋다. 해면 전체에 붉은 색소를 흩뿌려 두고, 바닷속으로 확산하는 것을 보는 것과 같다. 해양학에서는 트리튬의 연직분포를 측정해서 물질이 바다에서 이곳저곳으로 확산해 가는 속도를 구할 수 있었다(그림 9-5). 핵실험의 10년 후 트리튬은 부피비로 보아 10분의 1만큼 많이 바다

---

[18] 트리튬은 수소의 동위원소, 원자핵은 2개의 중성자와 1개의 양성자로 되어 있다. 반감기 12.2년의 방사성 원소이다.

에 퍼져 있었다. 이것을 근거로 해서 화석연료의 이산화탄소가 바닷속으로 확산해 가는 속도도 알 수 있다.[19] 그 결과 40%는 바다에, 60%는 대기 중에 있음을 알게 되었다. 1958년 이래 발생한 이산화탄소의 55%가 대기 중에 남아 있다고 하는 관측결과와 일치한다.

그 밖의 온실성 기체

대기 중의 양이 증가하고 있는 적외선 흡수 가스에 이산화탄소 외에 메탄(CH_4)이 있다. 메탄은 산소가 있으면 불안정하며, 대기 중에 대개 10년간 머무르는 동안에 산소와 반응해서 이산화탄소와 물로 변한다. 따라서 대기 중의 메탄의 농도는 작지만(겨우 1.6ppm), 그래도 큰 비중을 차지하는 온실성 기체이다.

북극의 얼음을 조사한 바에 의하면 대기 중의 메탄의 양은 점차 증가하여, 1800년 이래 2배로 늘어났다(그림 9-6). 그 이유는 메탄이 생기는 속도가 증가한 것과 동시에 대기 중의 수명이 연장되었기 때문이다. 메탄의 생성속도가 늘어난 이유는 두 가지로서 그 하나는 목장의 소의 마릿수가

---

[19] 화석연료에 근거하는 이산화탄소분자의 분포를 직접적으로 바닷속에서 재면 어떤가 하고 물을지도 모른다. 문제는 바다 표면에서도 연소로 생긴 과잉 이산화탄소는 이미 녹아 있는 탄소의 약 2%에 지나지 않는 것이다. 1970년대 이전에 해수의 탄소량의 측정이 1%보다 정밀하게 행해진 예는 없다. 따라서 과잉분을 직접 잴 수는 없다.

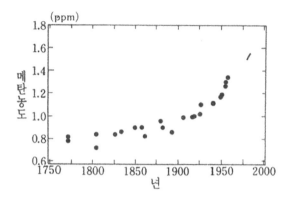

그림 9-6 │ 대기 중에서의 메탄의 증가

검은 점은 얼음기둥 시료의 측정치. 오른쪽 위의 짧은 실선은 대기에서 직접 얻은 시료의 값. 공업 문명의 초기 무렵에 비해 메탄의 농도는 2배가 되었다

증가했기 때문이다(맥도날드 신드롬이라 명명한다). 반추동물인 소는 사료 속 탄소의 일부분을 이산화탄소가 아니고 메탄으로 분해시킨다. 둘째는 수전 도작(水田稻作)이다. 메탄은 산소결핍 상태의 이전(泥田) 속에서 발생해서 벼 의 줄기를 통해서 대기 중에 나온다. 메탄이 늘어가는 두 번째 이유가 되는 메탄분자의 수명이 늘어난 것은, 지구의 하층 대기에 들어 있는 오존의 양이 줄고 있기 때문이다. 오존은 메탄을 분해하는 촉매로서 그 양이 줄면 분해의 속도는 늦어진다.

프레온 등의 공업가스양도 대기 중에 늘고 있다. 이런 것은 보통 천연 에는 생기지 않기 때문에 공업화 이전의 양은 극빙(極氷) 등은 조사할 것 도 없이 제로이다. 프레온도 마지막에는 분해되지만, 그때까지 대기 중에 100년 정도 머무른다.

이들 가스에 의한 온실효과를 생각할 때 곤란한 것은 생성 속도를 뚜렷이 예측할 수 없는 것이다. 생성량을 적당히 추측해보면 공업가스 전체의 온실작용은 이산화탄소의 영향력의 약 반이라고 보여진다.

기후 온난화와 공존할 수 있는가?

인간이 에너지를 어느 만큼 사용하는가, 무엇을 자원으로 고를 것인가 등을 경제의 요청에 의해서 결정하는 것은 피할 수 없다고 생각된다. 인구가 계속 늘어나는 한 에너지 소비량은 증가한다. 쇠고기나 쌀의 수요도 늘어난다. 그러면 어떻게 하면 좋을까? 이산화탄소나 메탄의 발생량이라든가 이미 있는 것의 소멸에 큰 영향을 미치는 것 따위는 할 수 없기 때문에 대책이라고 하면 온실효과가 나타났을 때의 변화에 대응되는 준비를 해야 한다. 선견지명이 대응하는 데 큰 몫을 차지한다. 적절히 대처하면 온실효과의 재해는 완화시킬 수 있고, 전화위복의 대응책을 내세울 수 있을지도 모른다.

이 정황은 복잡한 화학공장의 운영을 맡은 기술자가 직면하는 것과 비슷하다. 처음 2, 3개월 사이는 다소 주의만 하면 잘 돼가는 일을 맡은 것처럼 보여도, 얼마 되지 않아 보통 때라면 순조로워야 할 흐름이 이상한 변동을 나타내기도 하고, 결국에는 작은 수정이 필요하게 되기도 한다. 그래서 좀 더 확실히 하기 위해 설계도와 조작 설명서를 조사하려고 하지만 어처구니없게도 양쪽 다 찾아내지 못한다. 기술자의 성격으로서는 경험한 것을 근거로 하는 방법을 바꾸어 버리고 싶은 기분이 들 것이다. 그러나 시작해 보면 그것은 매우 지루한 일이다. 결국은 임기응변의 대책으로 무언가 극복하려고 생각해서 계획은 보류하려고 한다. 이렇게 해서 몇 년이 지나는 동안 이번은 생산량을 올리도록 요구받고, 한편 환경문제에 대하여 불평을 하게 된다. 모순되는 압력을 극복하려고 노력한 끝에 설계 당시의 조건과는 전혀 다른 조건에서 조작해야 한다는 사실을 알게 된다. 고장을 피하고, 비난도 주고받을 수 있도록 고심하는 것이지만, 개량하는 데는 비용이 많이 들어 실패도 많다. 최후에는 체념하고 작업공정을 전환하는 쪽으로 노력을 기울이기 시작한다. 옳고 그름이 밝혀짐에 따라 정상적인 변동과 생산량을 무리하게 늘인 여파에서 오는 변동을 준별(峻別)하는 중요성을 알게 된다. 기술자가 기대하는 것은 그런 노력이며 공장의 장래에 관해서 정확한 예측을 세울 수 있는 것이다. 예측만 할 수 있으면 공장의 유지 때문에 유효한 대책을 세울 수 있고, 작업이 계속된다면 위태로움이 있으리라는 것을 진작 판단할 수 있게 될 것이다. 그래서 새삼 개혁에 착수하게 된다.

우리도 이와 비슷한 결정의 시기에 접어들었고, 지구가 물리현상이나 화학변화나 생물 영위의 체계를 찾으려고 이해하려고 하는 어려운 일을 시작하게 된다. 그것은 많은 시간이 걸리는 매우 힘든 작업으로서 자금도 든다. 그래도 지구의 경제적이고 유효한 관리를 위해 결심하고 착수해야 할 때는 언젠가 오게 된다.

인공적인 기후 개조

　지구의 온실 기능을 바꾼 결과로 인간은 결국 태양에서 받은 열방사의 배분이 바뀌었을 때 환경이 어떻게 그에 대응하여 변해갔는가를 체득(體得)하게 되었다. 지식을 얻은 다음에는 유혹이 기다린다. 기후를 지금보다 더욱 쾌적하게 바꾸는 목적이라든가, 온실 기능이 강해져서 일어나는 탐탁치 않은 상황을 개선하는 수단이 제안될 것이다.

　지금까지의 형편으로 보아 그런 이야기는 조금밖에 할 수 없다. 대규모의 기후 개조는 과학적인 면에서 금기로 여겨지는 드문 주제의 하나이다(아마 인종에 따라서 지능에 차이가 있을 수 있는가의 조사에 이은 두 번째의 금기). 그런데 사적인 반대에도 불구하고 온실성 가스가 늘어나 기후 변화가 나타나면 바로 없어지는 것이 아닌가? 불리한 영향을 받은 나라의 정부는 어떤 행동이 필요하기 때문이다. 개조가 가능한 일일까? 소련의 기상학자 브디코 (M. I. Budyko)는 한 가지 안을 내놓은 최초의 사람이다. 브디코는 에어로졸(연무질)에 의한 냉각으로 온실효과를 상쇄할 수 있을 것이라고 말했다. 아황산가스를 상층대기(성층권)에 살포하면 태양광을 반사하는 에어로졸이 생길 것이다. 적당량의 에어로졸에 의해서 온실성의 온난화에 대응할 수 있을 것이다.

　미국의 과학자가 이 생각을 구체화하는 계산을 했다. 그에 의하면 이산화탄소의 함유량이 2배로 되었기 때문에 일어나는 온난화를 없애려면 매년 3,500만 톤의 아황산가스를 성층권으로 옮겨놓아야 한다. 매년이라고 하는 것은 아황산가스에서 생긴 에어로졸은 대기 중에 1년간밖에 남지 않기 때문이다. 오늘날의 가격으로 아황산가스는 1년당 150억 달러, 성층권까지 보잉 747로 운반한다고 하면 수송비가 150억 달러, 이것에 대해 미국의 국방예산은 연 3,500억 달러이다. 기후방위비 연 300억 달러는 조달 가능한 범위 내에 있다. 이런 뜻에서 브디코의 생각은 잘못이 아니다. 의도적인 지구 전역의 기후 개조에 관해서 이것은 적어도 경제적으로는 가능한 전략의 하나이다. 아마도 그 밖의 대책도 발견될 것이다.

브디코의 안은 어떻게 작동하는 것일까? 아황산가스는 대기 중에서는 불안정하고 변화해서(오존이 촉매) 황산을 만든다(이것은 산성비의 유해성분이다[20]). 황산은 기체가 아니고 모여서 에어로졸(매우 작은 액체방울)을 만든다. 황산의 에어로졸은 희한한 성질을 갖고 있어 태양광은 반사하지만, 지구 적외선은 반사하지 않는다. 따라서 황산의 에어로졸은 밖으로 나가는 지구 적외선에 영향을 미치는 것 없이, 입사하는 태양광을 반사한다. 말하자면 한쪽만 있는 거울이라고 할 수 있다.

이것은 이미 알려진 사실로서 천연에서도 같은 일이 때때로 일어나고 있다. 1982년 멕시코의 엘치천 화산이 폭발했을 때, 약 800만 톤의 아황산가스가 성층권으로 분출했다. 인공위성과 지상관측을 종합해서 얼마만큼의 아황산가스가 방출되었는가, 아황산가스는 언제 황산 에어로졸로 바

---

[20] 공장의 굴뚝에서는 매년 3억 5천만 톤의 아황산가스를 대류권으로 방출하고 있다. 이 아황산가스와 생겨나는 황산 에어로졸은 겨우 2, 3일 대기 중에 머무를 뿐이며 기후에 미치는 영향은 적다.

꿰었는가, 황산 에어로졸은 언제까지 성층권에 머물렀는가를 알았다. 황산 에어로졸의 크기 분포와 광학적 특성도 조사할 수 있었다.

브디코의 시도는 반드시 현명하다고는 생각할 수 없지만, 여기서 말하고 싶은 것은 지구 전체 기후의 의도적인 개변(改變)이 인간의 힘이 미치는 범위에 있다는 것이다. 100년 후에는 그런 일로서 깊이 말려들 것이다. 이 유혹에 어떻게 반응하는가에 따라 지구의 미래가 바뀌는 것은 확실하다.

21세기의 에너지 생산

지구에 남은 석유는 약 100년분의 수요를 충당할 뿐이다. 얼마 안 있어 자동차도 항공기도 난방설비도 다른 연료에 의존하지 않으면 안 된다. 천연가스의 사정은 다소 좋을 것 같지만, 역시 21세기 말에는 고갈될 것이다. 그것도 부족해져 버리면 그다지 바람직하지 않는 연료로 새로 바꿀 수밖에 없다. 그 첫째가 석탄, 둘째는 우라늄 235이며, 이를 합치면 앞으로 2~300년 후까지의 연료가 된다.

환경보전의 점에서 보면 석탄도 우라늄도 환영할 수 없다. 석탄을 채굴하는 데는 갱부의 건강과 생명의 위험도 염려해야 하고, 그러면서 갱도에서 파든지 그렇지 않으면 표토를 벗기든지 해야 한다. 노천 파기는 아무리 신경을 써도 경관을 해친다. 석탄은 채굴뿐만 아니라 태웠을 때의 결점도 있다. 탄산가스에 관계되는 문제는 앞에서 설명했다. 지구의 화석연료

자원의 80%는 석탄으로서 이를 전면적으로 사용하면 격심한 온실효과가 나타난다. 석탄을 태우면 아황산가스도 발생하며, 황산을 함유한 비가 되어 지표로 돌아온다. 산(酸)은 문명의 석조 유적을 부식시키고, 호수의 물고기를 죽이고, 삼림을 고갈시키고, 마침내 흙까지 파괴해 버린다. 그 밖에 독성을 가진 셀렌, 카드뮴, 비소 등의 금속도 나온다. 굴뚝 안에서 포착하는 방법은 있지만 걸맞지 않게 비용이 든다. 이와 같이 석탄을 태우면 환경공해가 심각해지기 시작한다. 석유나 천연가스는 유황이라든가 비소 등을 포함하는 비율이 낮아서 환경을 오염시키지 않고 채취하는 데 안전도가 높고 환경에 대한 영향도 훨씬 작다. 석탄을 선택하게 되면 '깨끗한' 환경 유지의 운동은 두말할 나위도 없이 후퇴하는 꼴이 된다.

현재 전력의 약 15%는 원자력 발전에 의존하고 있다. 이것은 우라늄 235의 핵분열에 의해 생기는 에너지를 전기로 바꾸는 것이다. 원자력 발전에는 번거로운 일이 세 가지 있다. 첫째, 하나의 우라늄 235는 분열해서, 두 개의 방사성 원자로 나뉘는 것이지만, 분열생성물 안에 반감기가 긴 방사성 핵종이 있어 원자로의 재의 보관이 큰 문제가 된다. 에너지 수요를 100년간이나 원자력으로 공급한다면 방사성 폐기물의 처리 때문에 방대한 사회 문제가 야기될 것이다. 지금까지 30년간 연구되고 있는데 관계하는 당사자 모두가 납득할 수 있는 폐기 방법은 찾아내지 못하고 있다. 엄청난 비용이 아니면 너무 위험하기 때문이다.

원자력 때문에 일어나는 두 번째 위험은 고장이나 방해 행동 때문에 원자로가 녹아버리거나 폭발이 일어날 수 있다는 것이다. 폭발로 흩뿌려지는 방사성 분진은 직경 수십 ㎞의 지역을 몇십 년간에 걸쳐서 사람이 살 수 없는 곳으로 만들 우려가 있다. 영화 〈차이나 신드롬〉이나 실제로 일어난 드리마일섬의 사고에 의해 사태는 원자력 관계자 등이 설명하는 것보다도 훨씬 심각한 사실이 널리 밝혀지게 되었다. 1986년 4월 26일의 체르노빌 원자로의 폭발은 전 세계에 충격을 주었다. 재해의 전모는 확실하지 않지만 원자력 시대에 항상 붙어 다니는 위험을 극적으로 나타내고 있다.

물론 앞으로도 우라늄과 석탄은 사용될 것이다. 뭐니 뭐니 해도 한동안은 그것 외에 사용할 수 있는 것이 없다. 어느 나라가 석탄과 우라늄을 어떤 비율로 사용하는가는 나라의 경제와 정책 자세에 의한 것이다. 현재 원자력 개발에 대한 반대가 높아지고 있다. 사람들은 옛날부터 경험상 석탄 피해를 입는 쪽이, 익숙하지 않고 더욱 지독할 것 같은 우라늄의 위험보다 낫다고 생각하고 있다. 다행스럽게도 어느 쪽이나 생물의 존재를 위협할 정도는 아니다. 그러나 석탄 동력의 화학'재'와 우라늄 원자력의 핵'재'가 지구상에 상당한 오염을 가져오는 것은 피할 수 없다. 최근 에너지에 관련하는 최대의 위험은 물론, 강대국이 저축해 둔 핵병기이다. 미사일 탑재의 수소폭탄으로 주고받는 전면 핵전쟁이 일어나면 지구상의 모든 생물은 넓은 범위에 걸쳐 무시무시한 종말을 맞게 될 것이 틀림없다.

장기적인 에너지원을 찾는다

앞에서 열거한 석탄 및 우라늄 원자로는 앞으로 수세기에 걸친 동력원으로는 될 수 없다. 이것들을 사용할 수 있는 동안 새로운 에너지 자원의 대규모 운용에 심혈을 기울일 필요가 있다. 세 가지 선택이 있다고 생각한다.

첫 번째의 가장 이상적인 선택은 태양방사에너지를 직접 이용하는 것이다. 자원은 무한하지만 에너지 밀도가 옅은 것이 문제이다. 예를 들면 매우 효율이 좋은 변환계(變換系)가 가능하다고 해도 지표의 상당한 면적에 솔라 판넬(태양전지판)을 넓힐 필요가 있다. 솔라 판넬은 현재에도 우주 탐사기나 상업위성의 동력원으로 사용되고 있지만, 무척 고가인데다 수명에 한계가 있다. 현 단계에서 태양전력은 화력발전의 전기에 비해 100배나 비싸다. 따라서 경제적으로 수지가 맞을 때까지는 기술의 대진보가 일어나야 한다.

다음으로 생각할 수 있는 것은 핵융합에너지이다. 이 형태의 동력로(動力爐)는 태양에서 일어나고 있는 것처럼 경원소를 중원소로 바꾸는 핵융합을 일으키게 하는 것으로서 원리는 이미 밝혀졌고 이용하는 반응실험도 했다. 문제는 반응에 필요한 온도가 높다는 것이다. 1장에서 기술했듯이 별 내부에서 수소원자가 핵융합을 하는 데 필요로 한 온도는 2천만 도 이상이다. 그런데 인간은 겨우 수천 도에 견딜 수 있는 물질조차도 알지 못한다. 핵융합의 불을 지탱하는 용기를 만들 수 있을 것인가? 하나 생각하고 있는 답은 고온 가스가 용기벽에 접촉하는 것을 막는 자기(磁氣)병을 이용하는 방법이다. 이것으로 고온 가스를 찬 용기에 넣어둘 수 있다. 자기병은 확실히 가능한 것이지만, 매우 돈이 드는 데다 능률이 매우 좋지 않다. 만드는 데 필요한 에너지는 안에서 일어나는 핵융합반응에 의해 생기는 에너지를 넘어서고 있다. 즉, 현재의 모의장치는 에너지 발생원이 아니고 에너지 흡수원이다. 이 관계를 역으로 하는 개량은 가능하면 하지만, 언제쯤 운용 가능한 대규모의 실마리를 만들 수 있을지, 원가가 어느 만큼 될지 아는 방법은 현재로서는 없다. 어차피 시간이 말해 줄 것이다.

세 번째는 훨씬 가능할 것 같으나 더욱 위험한 선택으로서 증식로(增殖爐)를 이용하는 것이다. 지금까지의 원자로의 연료는 ^{235}U이다. 지구상에는 ^{235}U 1개에 대해 ^{238}U이 139개, ^{232}Th가 400개가 되는 비율로 존재한다. 그런데 다량으로 있는 동위원소 핵종은 중성자가 대응해도 핵분열(^{235}U 같은 데는)을 일으키지 않기 때문에 원자로의 연료가 되지 못한다.

증식로라는 것은 화로 안에서, ^{235}U의 핵분열에 의해 생긴 중성자를 충돌시켜 ^{238}U과 ^{232}Th를 핵분열할 수 있는 핵종으로 바꾸는 화로이다. ^{235}U가 핵분열을 하면 평균 3개의 중성자가 나온다. 연쇄반응을 계속하기 위해서는 1개만 있으면 좋고, 대부분은 원자로의 제어봉에서 빨아들인다(일부분은 우라늄 연료 중의 ^{238}U에 흡수되는 기회가 있어서 플루토늄이 생긴다).

증식로는 핵분열이 가능한 핵종이 최대한 생기도록 짜여져 있어, ^{235}U한 개가 핵분열했을 때 ^{238}U과 ^{232}Th로부터 핵분열 가능한 핵종이 한 개나 둘 이상 생긴다(그림 9-7). 이렇게 해서 화로 안에 생긴 핵종은 그대로 연료가 된다. 그것이 분열하면 다시 똑같은 핵종이 생겨난다. 이론상 이와 같

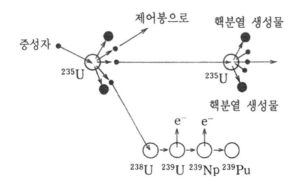

그림 9-7 | 증식로의 원리

핵분열 때 나오는 여분의 중성자를 사용하는 것이 특색. 핵분열을 유지하는 중성자는 1개 있으면 족하다. 나머지 2개는 일부는 버리고(원자로의 제어봉으로 흡수시킨다), 일부는 우라늄 동위원소 ^{238}U를 핵분열할 수 있는 핵종으로 바꾸는 데 사용한다. 이것으로 우라늄에너지의 발생량은 100배로 증가한다. 그림의 경우는 ^{235}U에서 나온 중성자의 한 개는 연쇄반응의 유지에 사용되고, 한 개는 ^{238}U로 가고(^{239}U가 가능하다), 한 개는 흡수된다. ^{239}U는 방사성 붕괴를 해서 넵투늄 239(^{239}Np)가 되고 다시 방사성 붕괴를 해서 플루토늄 239(^{239}Pu)가 된다. 이 플루토늄은 핵분열이 가능한 핵종이다. 이렇게 해서 ^{235}U가 하나 없어질 때마다 새롭게 연료 ^{239}Pu가 생겨난다

은 방법으로 ^{238}U과 ^{232}Th의 전부를 ^{235}U처럼 이용할 수 있다. 증식로는 세계 에너지 수요에 한없이 충족할 수 있을 것이다.

증식로를 대규모로 사용할 경우 현재의 원자로에 대해 설명한 문제가 전부 나쁜 쪽으로 확대된다. 우선 대량의 핵폐기물이 생긴다. 복잡한 화로의 구조 때문에 사고의 우려도 많아진다. 최대의 문제는 주요 연료가 플루토늄으로 되어 매년 대량 취급되게 되면, 일부라고 할지라도 비밀 목적으로 전용될 소지가 생기는 것이다.

토양도 위기에 빠져 있다

　모든 자원 중에서 가장 가볍게 여겨지고 있는 것은 토양이다. 광대한 육지의 표면에는 토양층이 뒤덮고 있다. 토양은 암석이 포화하고 화학 변화해서 생긴 것으로서 그곳에서 성장한 식물의 유해, 즉 유기물이 혼합되어 있다. 그 층은 물을 함유하고 식물의 영양을 만들고 있다. 식물에는 빛, 물, 영양분, 적당한 온도와 함께 뿌리를 내리기 위해서도 토양이 필요하다.

　육지 위에서 살고 있는 인간은 토양에 대해서 변변한 일을 하지 않는다. 인간의 영위 때문에 토양은 급속하게 침식이 진행되고 있다. 지구를 덮고 있는 토양의 5%는 인간이 농경이나 방목, 식림, 관개를 시작했을 때 바람에 날려가거나 물에 떠내려가 유실되어 버렸다. 사람의 손이 닿은 곳에서는 토양 침식 속도는 자연적으로 일어나는 침식의 10배에서 100배나 빠르다. 이대로의 추이라면 수백 년 동안에 상당량의 토양이 더 유실되어 버린다. 토양은 침식되어 없어지고 있을 뿐만 아니라 인간이 화학적 변질의 원인을 방조하고 있다. 관개에 의해서 토양에 염분이 떠오르는 일이 드물지 않다. 산성비는 토양 내의 알루미늄을 비롯한 그 밖의 금속을 녹인다.

　토양은 침식되어 잃기도 하고 화학물질로 오염되어도 새로운 토양을 만들면 된다고 생각하는 사람도 있을 것이다. 그렇게 토양이란 값싼 물건이다. 인공토양이 아무리 값이 싸다고 해도(실은 반대), 육지의 1핵타르당 줄잡아 3,000톤이라는 막대한 양이 필요하다. 따라서 누구라도 자기 자신이 먹을 만한 식량을 생산할 만큼의 면적에 토양을 만들어 운반해 넣는다고 하면 일생이 걸리는 매우 힘든 노동이 될 것이다.

장의 끝머리

인류에게 있어서 바람직한 환경을 유지해 온 자연의 모든 작용에 대해서 인간 활동이 작다고는 할 수 없는 영향을 끼치는 사실을 우리는 알고 있다. 인간 활동에 의해서 기후나 토양이 크게 변해 버리기도 한다. 또한 인간은 자연이 만들어 낸 화학농축물이 가장 좋은 곳을 급속히 낭비하고 있다는 사실도 안다. 그것을 다 사용한 후에 오는 에너지와 광물의 부족을 메우는 데는 그다지 바람직하지 않은 자원에 의존해야 한다. 그런데 현대인은 지구의 장래를 위해 마음을 쓰는 것은 소홀히 한 채, 핵군비 경쟁에 머리를 싸고 다투며, 의학기술로 생명을 연장시키려고 안달하며, 한편에서는 기계문명에 정신이 쏠려 도취하고 있다. 고대 로마 이래 그다지 진보는 보이지 않는다. 빈둥빈둥 날을 보내며 미래 따위는 방치해 두어도 어떻게 되겠지 하고 막연히 생각하고 있다. 그러나 모든 인간이 이처럼 되어가는 형편을 만족해 하고 있을까? 그렇게는 생각하지 않는다. 멀지 않아 사태는 바뀌어 어차피 인간은 생명의 행성인 지구를 보존할 책임을 지게 될 것이라고 필자는 믿는다.

용어 해설

물질의 최소단위

아이소토운: 핵종의 소구분의 하나. 중성자수는 같고 양성자수가 다른 핵종. 동중성자 원자핵.

이온: 중성의 원자가 전자를 얼마간 잃거나 여분으로 지닌 전기를 띤 원자.

핵종: 물질의 물리적인 기본단위. 중성자와 양성자가 빽빽한 집합체. 원자핵.

원자: 화학반응으로 변화하지 않는 물질의 구성단위. 중성자와 양성자로 구성된 원자핵과 그 주위의 전자구름으로 되어 있다.

원소: 같은 화학성을 지닌 원자. 하나의 원소에 속하는 원자는 핵의 양성자수가 같다.

중성자: 원자핵의 구성요소. 전기를 띠고 있지 않다.

전자: 원자의 구성요소. 양성자, 중성자에 비해 질량이 매우 작다. 마이너스 전기를 띤다.

동위원소: 핵종의 소구분의 하나. 양성자수는 같고 중성자수가 다른 핵종.

동중핵: 핵종의 소구분의 하나. 핵자(양성자와 중성자)의 총수는 같고, 양성자, 중성자 각각의 수가 다른 핵종.

방사성 핵종: 자발적으로 알파 입자 또는 전자(양전자, 음전자)를 방출하거나 핵분열을 하는 핵종.

양성자: 원자핵의 구성요소. 플러스 전기를 띤다.

원자핵 전환

알파 붕괴: 방사성 붕괴의 일종. 헬륨 원자핵(양성자 2개와 중 성자 2개로 되어 있다)을 방출한다.

핵분열: 원자핵이 두 개로 부서지는 현상. 자발적으로 일어나는 경우와 중성자의 충돌로 유발되는 경우가 있다.

핵융합: 두 개의 핵에서 단일 핵이 생기는 현상.

중성자 포획: 원자핵이 충돌하는 중성자를 거두어들이는 것.

전자 포획: 방사성 붕괴의 일종. 전자가 핵에 둘러싸인다.

반감기: 어떤 방사성 핵종의 존재하는 수의 절반이 붕괴하는 데 필요한 시간.

평균 수명: 방사성 핵종이 붕괴하기까지의 평균시간(평균 수명이 경과했을 때의 존재확률은 $1/e$, $e = 2.718$).

베타 붕괴: 방사성 붕괴의 일종. 마이너스 전기를 띤 전자를 방출한다.

방사성 붕괴: 입자의 방출(포획)이나 핵분열에 의한 핵종의 자발적인 변환.

  p과정: 양성자 충돌로 일어나는 중원소 합성.

  r과정: 급격히 일어나는 다수의 중성자 충돌에 의한 중원소 합성.

  s과정: 천천히 간격을 두고 일어나는 중성자 충돌에 의한 중원소 합성.

양전자 붕괴: 방사성 붕괴의 일종. 플러스 전기를 띤 전자를 방출한다.

물성

무게: 물체의 질량과 물체가 놓여진 행성(또는 위성)의 중력으로 결정되는 양.

질량: 물체에 포함되는 중성자와 양성자의 총수로 결정되는 물질의 양.

부피: 물체가 차지하는 공간의 넓이를 나타내는 양.

밀도: 물체의 단위 부피당의 질량.

지표의 중요 광물

알바이트: 사장석의 일종. 주로 나트륨, 알루미늄, 규소, 산소로 되어 있다. 화강암의 주성분 광물.

감람석: 철, 마그네슘, 규소, 산소로 된 광물의 일종$[(Mg, Fe)_2 SiO_4]$. 현무암의 주성분 광물.

휘석: 주로 철, 마그네슘, 규소, 산소로 된 광물$[(Mg, Fe, Al) (Si, Al)_2O_6]$. 현무암의 주성분 광물.

사장석: 장석의 일종. 주로 나트륨, 칼슘, 알루미늄, 규소, 산소로 이루어진다. 화성암의 주성분 광물.

정장석: 장석의 일종. 주로 칼륨, 알루미늄, 규소, 산소로 이루어진다 [KAlSi$_3$O$_8$]. 화강암의 주성분 광물.

석영: 규소, 산소로 된 광물(SiO$_2$). 화강암 및 사암의 주성분 광물.

방해석: 칼슘, 탄소, 산소로 된 광물(CaCO$_3$). 석회암, 대리석의 주성분 광물.

지표에서 볼 수 있는 중요한 암석

운석: 소행성끼리 충돌해 부서져서 생긴 암석 조각으로 나중에 지구로 떨어진 물체.

에이콘드라이트: 콘드루르를 포함하지 않은 석질운석.

화강암: 넓게 대륙지각을 만드는 화성암. 주된 성분 광물은 석영, 장석.

화성암: 규산염의 액체(마그마)가 식어 고결된 암석.

고회암: 퇴적암의 일종. 마그네슘, 칼슘을 반반 포함하는 탄산염(방해석과 같은) 광물이 주된 성분. 일명 돌로마이트.

셰일: 앙금이 앉은 물밑의 진흙이 바탕이 되어 있는 가는 입자의 퇴적암. 주된 성분은 흙에서 온 점토광물.

현무암: 넓게 해양 지각을 이루고 있는 암석. 주된 성분 광물은 감람석, 휘석, 사장석.

콘드라이트: 콘드루르를 포함하는 석질운석. 보통 콘드라이트와 탄소질 콘드라이트로 나눈다.

사암: 해빙사, 해구사, 하천의 모래 등 모래 알갱이가 고결된 퇴적암. 주된 광물은 석영.

석회암: 퇴적암의 일종. 주로 방해석으로 구성된다. 대부분의 경우. 방해석은 바다 생물에 기원을 둔다.

퇴적암: 암석의 부스러진 조각이나 그 밖의 물건이 물속이나 대기 중에서 밑으로 가라앉아 쌓여서 굳어진 암석.

대리석: 석회암이 재결정해서 만들어진 변성암.

탄소질 콘드라이트: 콘드라이트의 일종. 비교적 약한 가열로도 없어져 버리는 여러 가지 광물을 포함한다.

철운석: 철과 니켈의 합금으로 된 운석.

편암: 셰일이 재결정되어 생기는 변성암.

변성암: 열과 압력에 의해 재결정된 암석. 원래의 암석이 지각 깊은 곳에 있게 되면 생긴다.

바다와 대기의 성분

해수염류: 바다에 녹아 있는 화합물 성분. 주된 이온 종류는 나트륨 Na^+, 칼륨 K^+, 마그네슘 Mg^{++}, 칼슘 Ca^{++}, 염소 Cl^-, 황산이온 SO_4^{--}. 소량밖에 없지만 중요한 성분에는 탄산수소이온 HCO_3^-, 탄산이온 CO_3^{--}, 질산이온 NO_3^-, 인산이온 $H_3PO_4^-$

산소: 지구대기의 주된 성분. 바닷물에도 녹아 있다. 동물의 생존에 필요. 화학식 O_2

수소: 원시 태양성운의 주된 화학성분. 현재의 대기에는 거의 포함되어 있지 않다. 화학식 H_2

질소: 지구대기의 주된 성분. 바닷물에도 녹아 있다. 질소비료의 원료. 화학식 N_2

이산화탄소: 대기에 포함되어 있고, 바다에도 녹아 있는 미량 기체 성분. 강한 온실작용이 있기 때문에 기후를 바꾸는 중요한 역할을 한다. 화학식 CO_2

물: 바다를 이루는 주된 성분. 대기의 중요한 온실작용 성분. 화학식 H_2O

메탄: 대기의 미량성분의 하나. 온실작용이 꽤 강하다. 화학식 CH_4

중요한 지구자원

암염동: 암염이 한곳에 모여 위에 겹쳐진 퇴적층을 밀어 올려서 생긴 기둥 모양의 암염층.

광상: 경제적으로 채취할 가치가 있을 만큼 유용광물이 모여 있는 곳.

석탄: 습지에 이탄(泥炭)으로서 침적한 식물질이 가열되어 생긴 탄소가 많은 잔유물.

석유: 퇴적층에 포함된 유기물 분자가 열로 분해되어 생기는 액상 탄화수소.

천연가스: 퇴적층에 포함된 유기물 분자가 열로 분해해서 생긴 메탄.

열수구: 해저에 생긴 현무암 열극을 따라 뜨거운 열수가 바다로 솟아 나오는 곳.

중요한 지질구조

핵: 지구 중심부를 이루는 지구 내부의 주요 구조. 녹은 철과 니켈로 이루어진다. 맨틀 아래에 있다.

화산: 지구 내부에서 생긴 액상 규산염(마그마)이 지구 표면으로 솟아 나오는 곳.

섭입대: 1매의 플레이트가 다른 플레이트 아래에 잠입하는 장소에 생기는 선상의 구조대.

지각: 지구맨틀 위에 있어서 화학적으로 구별 가능한 표면층.

플레이트: 지각의 큰 단편이며, 맨틀을 덮고 움직이고 있는 구조.

맨틀: 지구 내부의 주요 구조. 핵을 싸고 있다. 고체의 규산염광물로 되어 있다.

용암류: 화산분화구에서 분출되어 나오는 액상 규산염으로 된 화성암.

융기대: 2매의 플레이트가 좌우로 나뉘어가는 틈새에 생기는 선상의 구조대.

천문학적인 물질의 단위

우주: 천문학적인 관측이 행해지는 한에서의 물질과 방사의 전체.

은하: 우주 물질집단의 단위가 되는 별과 가스구름의 집합체.

소행성: 화성, 목성 사이에 있으며 태양을 둘러싸고 있는 작은 암석 형태의 천체.

혜성: 명왕성에서 바깥까지 틀어 선 궤도를 돌고 있는 태양계의 빙상의 소천체.

성운: 우주의 가스와 미립자로 이루어진 빛을 내거나 빛을 흡수하는 구름 형태의 천체.

적색거성: 핵연료의 연소가 신속히 행해지는 큰 질량의 중심부가 고온인 별. 연료가 다하면 폭발적인 죽음을 맞이한다.

달: 행성을 도는 궤도에 있는 천체. 위성.

백색왜성: 중간 크기의 별로, 핵 불꽃이 다 탄 잔해.

블랙홀: 핵연료를 다 사용한 큰 별의 뒤에 생기는 극단적으로 밀도가 높은 잔해.

별: 은하의 기본 구성요소. 다른 천체(행성, 위성 등)와는 내부에 핵융합의 불꽃이 점화하고 있는 곳이 다르다. 항성.

행성: 별을 도는 궤도에 있는 천체. 질량이 작기 때문에, 핵융합 불꽃이 타고 있지 않다.

연성: 서로 해후하는 항성의 마을.

중요한 우주 현상

3도 K방사: 우주 전체에 퍼져 있는 듯한 온도방사. 빅뱅에 동반하는 일련의
현상에 의해 생긴 방사의 흔적.

초신성: 큰 별의 일생의 최후에 오는 폭발 현상.

빅뱅: 우주 최초에 있었던 대폭발.